Substance 3D Painter
游戏贴图绘制与材质制作

◎ 郑琳 编著

清华大学出版社

北京

内 容 简 介

本书共分为 5 章,第 1 章和第 2 章主要介绍 Substance 3D Painter 软件的基础知识和附加内容,第 3～5 章以 3 个案例——运动鞋、摩托车、人物的绘制,逐步讲解 Substance 3D Painter 软件各个功能模块的使用技巧,使读者逐渐掌握 Substance 3D Painter 的功能和工具,并掌握次时代游戏贴图制作的新流程。本书第 3～5 章的案例制作过程主要以视频形式来呈现,读者可以扫描书中相应位置的二维码观看视频,一步一步熟练掌握游戏贴图的制作技巧。

本书内容讲解系统全面,适合游戏设计与制作、影视制作等专业作为教材使用,也可作为游戏制作行业、影视行业从业人员的参考书。

图书在版编目(CIP)数据

Substance 3D Painter 游戏贴图绘制与材质制作/郑琳编著.—北京:清华大学出版社,2024.2
ISBN 978-7-302-65667-8

Ⅰ.①S… Ⅱ.①郑… Ⅲ.①三维动画软件－游戏程序－程序设计－高等学校－教材
Ⅳ.①TP391.414

中国国家版本馆 CIP 数据核字(2024)第 048666 号

责任编辑:王剑乔
封面设计:刘　键
责任校对:袁　芳
责任印制:丛怀宇

出版发行:清华大学出版社
　　网　　　址:https://www.tup.com.cn, https://www.wqxuetang.com
　　地　　　址:北京清华大学学研大厦 A 座　　　邮　　编:100084
　　社 总 机:010-83470000　　　　　　　　　　邮　　购:010-62786544
　　投稿与读者服务:010-62776969, c-service@tup.tsinghua.edu.cn
　　质量反馈:010-62772015, zhiliang@tup.tsinghua.edu.cn
印 装 者:三河市君旺印务有限公司
经　　销:全国新华书店
开　　本:185mm×260mm　　　印　张:8.5　　　字　数:203 千字
版　　次:2024 年 3 月第 1 版　　　　　　　　印　次:2024 年 3 月第 1 次印刷
定　　价:52.00 元

产品编号:101689-01

PREFACE

前言

Substance 3D Painter 软件是一款革命性的纹理化工具,该软件专注于复杂任务的自动化处理,使用它可以为物体快速赋予真实的材质。该软件广泛应用于游戏和电影制作以及产品设计、时尚和建筑设计,是一款适用于各种创意专业人士的首选 3D 纹理应用程序。

本书是我多年的实践和教学经验成果。我认为一本书不能像手册那样只是简单地介绍功能,因此,在本书中,我将软件的各种功能和使用技巧分散到案例的各个制作过程中进行讲解。同时,书中案例的难度也是由浅入深,使读者可以逐步地深入学习和使用软件,降低了学习的难度。此外,除了介绍使用技巧之外,本书还介绍了很多功能的原理,从而使读者学习达到举一反三的效果。

本书配备了视频教学。本书的视频针对制作过程全程录制,并且后期进行了一些剪辑,去掉了很多无用的操作,可以使读者更加快捷地了解并学习视频的内容。

当然,本书的设计理念是用图书介绍软件的基本功能,然后通过视频了解和学习具体的流程。这样图书就能作为工具书来使用,如果你要查软件的功能,直接从书中就可以查到。

本书内容共分为 5 章,第 1 章和第 2 章主要介绍 Substance 3D Painter 软件的基础知识和附加内容,第 3~5 章以具体案例逐步展示 Substance 3D Painter 软件各个功能模块的使用技巧,并辅以视频来呈现。

本书每一章的内容都可以自成体系,用户可以根据需要选择阅读,以满足各层次用户的阅读需求。此外,读者学习本书最好是拥有 UV 和模型烘焙的常识(当然没有也没关系)。

本书配套资源包括视频和资源文件(模型及相关软件)。视频内容需要先从"基础内容"看起,然后是"Substance 3D Painter 提示"部分,最后是"项目"(3 个案例)。

最后,感谢在写作过程中帮助我的朋友们,感谢你们对本书提出的建议。还要感谢我的家人,他们是我的坚实支柱。由于编著者水平有限,书中难免有疏漏与不足,恳请广大读者批评、指正。

编著者

2024 年 1 月

CONTENTS

目录

本书配套模型、素材等

第1章

初识Substance 3D Painter

1.1　PBR 材质的含义

现在的贴图生产领域基本是以 PBR(physically based rendering,基于物理的渲染)贴图生产流程为主,Substance 3D Painter 也不例外。在学习 Substance 3D Painter 之前,首先要为缺乏这些概念的读者做一下介绍。

在 PBR 概念出现之前,想要在传统 3D 软件中渲染出一幅高质量写实的图像,需要设计者死板地牢记特定材质的各种参数,还要不断地调整灯光以满足材质的表现效果。加上光线能量与材质没有遵循严谨的能量守恒定律,即便是经验丰富的老手,能很好地生成一张静帧图像,却无法满足物体运动发生位置变化后的灯光变化。因为传统的游戏渲染器所达到的"写实"是基于烘焙贴图来实现的,位置一旦改变,全部的烘焙信息都要重来,但手工制作是无法满足这个要求的。为了解决这个问题,催生了 PBR 渲染。

PBR 出现后,材质创建的难度得到了很大程度的降低,相对于传统的依靠时间累积出来的"材质经验",现在只需在各项对应通道单独编辑即可生成写实的材质。而且由于基于物理的特性(能量守恒),即便随意挪动物体位置,依旧能保持物理写实的灯光效果,这个过程无须重新烘焙。目前,主流 3D 软件都已采用了 PBR 材质流程,如 Maya、Blender、Houdini、Unreal Engine 4 游戏引擎(简称 UE4)等。随着 GPU(graphic processing unit,图像处理器)计算速度的提升和第四代渲染技术的产生(2000 年后),大部分软件都追随一个目标前进,那就是"即时渲染"。

1.2　PBR 的含义

基于物理的渲染是使用写实的阴影或灯光模型以及通过表面属性值模拟真实世界的材质表现的概念,PBR 更偏向于概念,而不是一套严谨的制度,所以实现 PBR 往往有各种方式。

理解 PBR,最好要了解它的一些原理,首先从为何我们能看到色彩缤纷的世界开始,现实生活中任何光都以电磁波的形式在空间传播的,由一个或多个光子汇聚而成。光子碰撞到物体上进行反射、折射后击中人视网膜上的感光细胞,经过一系列的物理化学变化,转换成神经信号,由视神经传入大脑层的视觉中枢,然后人就看见了这些物体。成千上万的光子在运动过程中方向相似,但单个光子又因为击中物体的角度不同而有差异,因此我们便能感受到这个物体的质感。

PBR 之所以叫作基于物理的渲染而不是物理的渲染,是因为其渲染过程基于物理理论。尽管物理理论很接近现实,但毕竟又不是现实,因为计算机很难模拟或者说人类很难把那些影响光子的所有自然界要素都完全呈现,只能把核心要素通过数学算法实现。

1.3 PBR 的工作原理

1.3.1 微表面模型

所有的 PBR 技术都是基于微表面的。该理论是指任何表面都可以用无数微小的镜面来描述,表面的粗糙度越高,这些微小镜面的朝向所产生的区别越大。物体表面越粗糙,意味着微表面的朝向越无序。这些微表面会将入射光线朝着不同方向反射出去,形成更宽广的镜面反射区域。对于光滑表面,入射光线沿着同一方向反射出去,形成更清晰的反射画面,如图 1.1 所示。

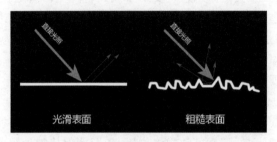

图 1.1

从微观角度来说,没有任何表面是完全光滑的。这里使用粗糙度这个近似数值来衡量那些微表面(比一个像素的范围还小)的粗糙度。根据表面的粗糙度,可以计算得到越多的微表面相互平行,则高光反射越清晰、越强烈。我们把微表面的各种对齐情况统一到 0 至 1 之间,可以形成一个粗糙度参数。粗糙度越高的物体,高光部分就越大、越模糊,而光滑表面的高光小且亮度集中,如图 1.2 所示。

图 1.2

1.3.2 能量守恒定律

微表面模型采用一种近似的能量守恒:反射出去的光的能量不应超出入射光的总能量(发光体除外)。从图 1.2 中可以看出,随着粗糙度的增加,高光范围会逐渐增大,模型的亮度也会逐渐降低。假如无论高光的范围多大,亮度都一样,那么这个粗糙表面发射的能量就有些太多了,违反了能量守恒定律。这就是下雨天在路面上看到的灯光反射要比在干燥的路面上范围小且明亮的原因。

默认地,PBR 使用五个通道(图 1.3)来模拟真实世界的材质。注意,特殊材质需要附加特殊的通道。通道所使用的就是各种不同的贴图。

图　1.3

（1）第一个通道是 Base color（基础颜色），它只有颜色信息，在其他软件中的叫法可能有所不同，比如 Diffuse（漫反射）和 Color（颜色），它们是 Base color 的各种类型。其中，最重要的是 Albedo（反照率），它在展示物体颜色时是完全不带任何光照信息。在一些贴图网站上，Diffuse（漫反射）贴图与移除了高光和阴影的 Albedo 贴图之间的区别是相当大的。移除高光和阴影是为了去除任何纹理自带的光照信息，正确地给材质照明，如图 1.4 所示。

（2）第二个通道是 Height（高度），它能为材质表面增加细节，可以将灰色保持而不产生变化，白色区域则从模型上向外凸出，黑色区域都向模型中凹陷，从而改变模型的表面。用户可以增加尺寸或置换细分度。开启置换后，这种方法创造了新的几何形，所以该功能可以为模型增加大量的细节。

（3）第三个通道是 Roughness（粗糙度），这是一张由灰度信息组成的贴图。它定义了模型表面的不平整度。总之黑色就是平整的，而白色和灰色则说明表面不平整。通常真实

图 1.4

世界的表面都是会有一些反射的,反射会变得越来越暗淡模糊,直至完全消失,但它仍然是反光的,只不过扩散到了很多方向上,所以看上去几乎没有反光。光线被分散了,几乎没有能够射入人眼睛。即表面越粗糙,反射越不明显,如图 1.5 所示。

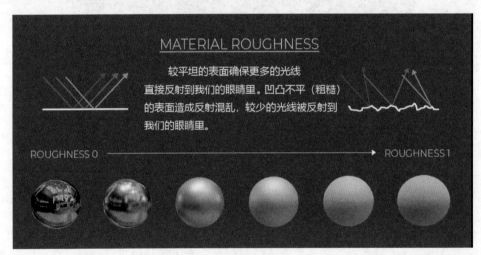

图 1.5

　　(4) 第四个通道是 Metallic(金属度)。图 1.6 展示了非金属材质向金属材质的转变,用白色表示金属材质(1),黑色表示非金属材质,即电解质材质(0),如图 1.7 所示。

　　(5) 第五个通道是 Normal(法线)。在讲法线之前,首先需要了解一下凹凸贴图,它是一张黑白贴图。

　　注意:凹凸贴图只能改变物体的表面法线,并不会改变物体的几何形状,如图 1.7 所示。

　　凹凸贴图经常被用在物体表面的小细节上,但想要获得更好的视觉效果,凹凸贴图就

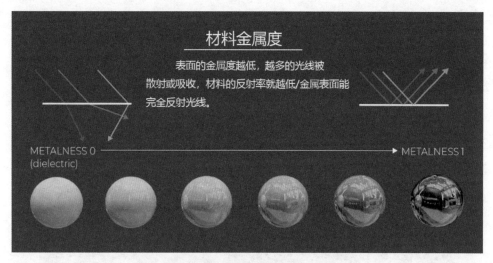

图　1.6

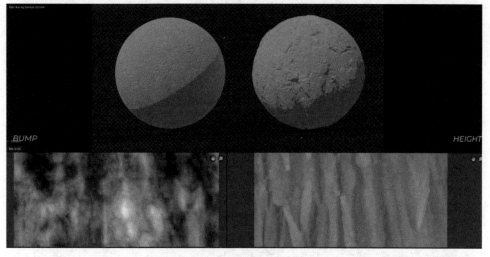

图　1.7

不能满足了。因为凹凸贴图只能基于灰度数值展示出模型表面的高低,如图 1.8 所示。

现在就该法线贴图登场了,可以看到它上面有非常多的细节。和凹凸贴图一样,它并不会改变几何形。在灯光作用下,贴图中的法线信息影响或改变现有模型的法线,让视觉产生凹凸不平的感觉,从而达到增加细节的渲染效果。与传统凹凸贴图相比,法线贴图所能产生的细节更加丰富真实,如图 1.9 所示。

法线贴图多用在 CG(computer graphics)动画的渲染以及游戏画面的制作上,将具有高细节的模型通过映射烘焙出法线贴图贴在低面数模型的法线贴图通道上,使之拥有更高细节的渲染效果。这可以降低渲染时需要的面数和计算内容,从而达到优化动画渲染和游戏渲染效果的目的。

图 1.8

图 1.9

1.4 PBR 对于美术的意义

　　PBR 的着色器是通过能量守恒和 BRDF（bidirectional reflectance distribution function，双向反射分布函数）处理物理规则中难以解决的问题，而我们创作的贴图是按照物理基本原则创作的。固然，按照原则创作贴图很重要，但我们需要遵循艺术直觉进行创作。正是这样的艺术表现形式，精心制作每一个细节，用心表达，才使角色通过各种材质展现出来。

　　在这里最常见的工作流程有两种：金属度/粗糙度工作流程和高光/光泽度工作流程。

两个工作流程并没有明显的优劣之分,只是采用两种不同的方式来表达,如图 1.10 所示。

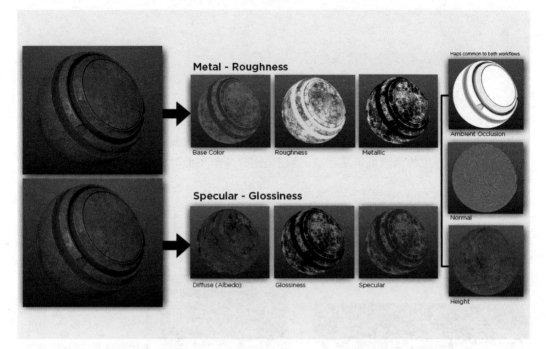

图　1.10

1.4.1　金属度/粗糙度工作流程

金属度/粗糙度工作流程的贴图有基础颜色、金属度、粗糙度,工作流程如图 1.11 所示。

图　1.11

1.4.2　金属度/粗糙度工作流程的优点和缺点

优点如下。

（1）比较容易创建，产生的错误率低。

（2）金属度和粗糙度都是灰度贴图，使用纹理内存较小。

（3）适用性比较广泛。

缺点如下。

（1）贴图创建中无须控制电介质，但是多数操作的实现需要高光反射控制。

（2）边界所产生的伪影可见度较高，特别是图片分辨率低时尤其明显。

1.4.3　高光/光泽度工作流程

与金属度/粗糙度一样，高光/光泽度工作流程就是将一系列贴图作为纹理输入 PBR 中。针对高光/光泽度工作流程的贴图是漫反射，高光/光泽度工作流程如图 1.12 所示。

图　1.12

1.4.4　高光/光泽度工作流程的优点与缺点

优点如下。

（1）边界所产生的伪影清晰度下降。

（2）在高光贴图中控制电介质。

缺点如下。

（1）因为高光贴图可以控制电介质，所以更容易用错数值。如果在着色器中处理不当，可能违反能量守恒定律。

（2）增加的 RGB 贴图要使用更多的纹理内存。

（3）传统的工作流程使用类似的术语但数据不同，因此更容易混淆，同时需要运用更多基于物理的原则。

1.5　什么是 Substance 3D Painter

　　Substance 3D Painter 是一款纹理化工具。它可以为物体快速赋予真实的材质,从而使创作者可以专注于处理各种层级的纹理和效果。

　　用过 Photoshop 的人在这里会感觉很熟悉。在 Substance 3D Painter 中都是一些简单并且基于层级的工作流程。首先增加一个基础层,而之后添加的图层将被覆盖在基础层之上,与之混合或者对它产生影响。同样也会有相似的混合模式并能够创建各种创意效果。混合模式有多种类型,如正片叠底、滤色、变亮、变暗、柔光和强光等。此外,还有强大的遮罩功能。在所有图层上都可以添加白色或者黑色遮罩,然后在其中绘制,让一部分透明或者不透明。不仅如此,用户还可以用智能遮罩将所有的遮罩合并。这些命令与 Photoshop 的命令并不是完全相同,但已经很相似了。

　　除了绘画之外,Substance 3D Painter 需要模型和数据,它可以自动检测曲面和边缘,还能检测出模型的厚度以及有多少环境光吸收。总之,以前需要用手动绘制或者拍照来做的事(获取素材),Substance 3D Painter 都可以自动化生成。用户可以随意选择任何生成纹理的自动化方案,也可以进入图层中手动绘制。在软件中也有多种笔刷类型可供使用。这些功能和 Photoshop 中的功能非常相似。Substance 3D Painter 还有一个很强的功能,它能够同时生成需要的纹理贴图,然后一键导出,这将自动获得粗糙度、金属度、法线、置换以及其他的各种贴图。

　　并不像 Adobe 旗下的那些软件一样,Substance 3D Painter 总是基于这些工具开始构建,这使用户可以轻松便捷地使用它,快速地进行制作,而并不需要对这款软件做过多的了解。

　　Substance 3D Painter 主要用于游戏开发。与 Mari 这款软件相比,Substance 3D Painter 无法处理跟 Mari 一样多的纹理集和超高的纹理分辨率(32KB);Substance 3D Painter 致力于满足 8KB 尺寸纹理的解决方案和多种 UDIM 的功能,所以能够成为游戏行业的标准工具。目前开发者正在不断为 Substance 3D Painter 软件添加新功能,在此过程中软件仍然保持易用性。

1.6　Substance 3D Painter 会用到的其他贴图

　　除了上面提到的贴图,Substance 3D Painter 还会基于模型生成几种贴图来辅助绘画。

　　(1) 第一个是 Ambient Occlusion(环境光吸收)贴图。它可以模拟物体之间所产生的阴影。它是固定的,不受灯光影响。物体与物体相互之间越接近的区域,受到光线的照明越弱。所以,Ambient Occlusion 贴图并不是真正的照明信息,如图 1.13 所示。

　　(2) 第二个是 Curvature(曲率)贴图。它展示了物体表面的弯曲度,黑色代表了凹区域,白色代表了凸区域,灰度值代表中性,即比较平的区域,如图 1.14 所示。

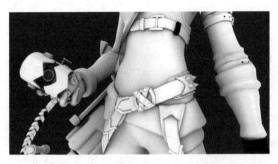

图　1.13　　　　　　　　　　　　　　图　1.14

（3）第三个是 World Space Normals（世界空间法线）贴图，它展示了物体的前、后、左、右、上、下方位，如图 1.15 所示。

（4）第四个是 Position（位置）贴图，它展示了从下到上的整体渐变梯度关系，如图 1.16 所示。

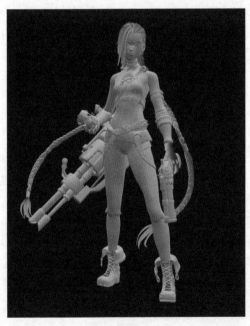

图　1.15　　　　　　　　　　　　　　图　1.16

（5）第五个是 Thickness（厚度）贴图，它是一张黑白贴图。黑色代表薄的地方，白色代表厚的地方。它可以用于辅助制作次表面散射材质。从蜡烛以及皮肤上可以观察到这种效果，表面看起来有一种半透明的深度感，如图 1.17 所示。

（6）第六个是 ID 贴图，用于选择不同的区域分别进行处理，作用相当于遮罩，如图 1.18 所示。

（7）第七个是 Emissive 自发光贴图。自发光贴图用于控制表面发光的颜色和亮度。当项目中使用了自发光材质时，它看起来就像一个可见光，物体将呈现"自发光"效果。自发光材质通常用于从内部照亮的物体上，例如监视器屏幕或控制面板上的发光按钮，如

图　1.17

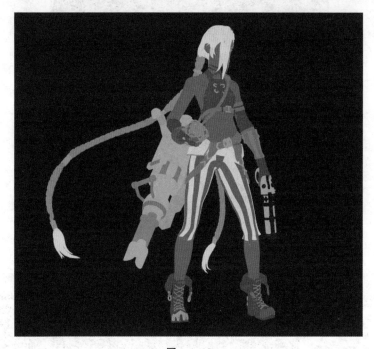

图　1.18

图 1.19 所示。

　　(8) 第八个是 Bent Normals(弯曲法线)贴图,它会计算环境光照的平均方向的纹理。它是从网格烘焙 AO 中衍生出来的,如图 1.20 所示。

　　(9) 第九个是网格烘焙的高度贴图,它可以让用户从高多边形网格创建高度贴图。

　　(10) 第十个是 Opacity 透明贴图,它定义了贴图的不透明度。黑色为透明的部分,白色为不透明的部分,灰色为半透明的部分,如图 1.21 所示。

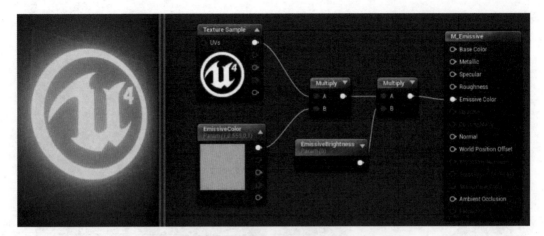

图 1.19

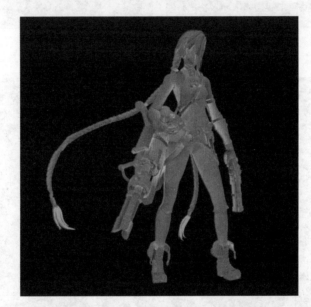

图· 1.20

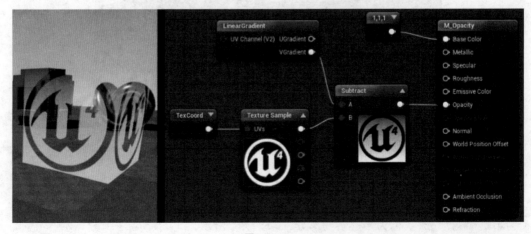

图 1.21

第2章

基础知识

Substance 3D
Painter 提示

2.1　基础界面

Substance 3D Painter 的基础界面包含菜单栏、工具栏、上下文工具栏、预览视窗、观察模式、资源视窗、纹理集列表、图层、纹理集设置、显示设置、参数控制面板、着色器设置、历史记录、日志。

界面 1

图 2.1 按照功能属性对界面区域做了详细划分。

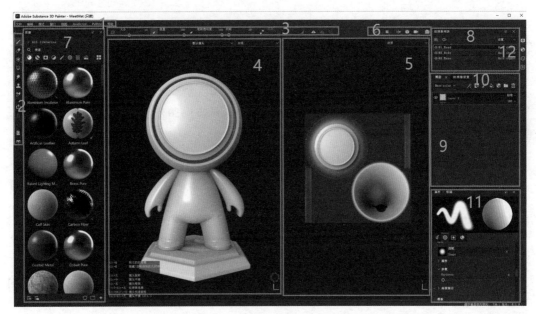

图　2.1

1. 菜单栏

菜单栏提供了 Substance 3D Painter 主要的选项和参数设定,包含保存文档、编辑文档、界面布局和帮助文档等相关功能。

2. 工具栏

工具栏主要应用于手绘图层。这里提供了手绘工具,包括画笔、橡皮擦、填充、图章工具等。大部分的工具原理与 Photoshop 绘画工具类似。

3. 上下文工具栏

上下文工具栏位于视窗的顶部,它根据当前上下文(例如绘画时的画笔参数)提供各种属性的工具。

4．预览视窗

Substance 3D Painter 的预览视窗分为 3D 视窗与 2D 视窗。3D 视窗用来绘制与预览当前编辑的模型贴图，预览效果接近于光线跟踪的渲染质量。2D 视窗主要用于在 UV 图上观察和绘画材质。

5．观察模式

观察模式主要用于设定预览视窗的布局。

6．资源视窗

资源视窗提供了大量的材质预设，同时还包含许多辅助素材，比如 Alpha、智能材质、智能遮罩等。从外部导入的素材也会显示在这里。

7．纹理集列表

纹理集列表用于显示当前通过材质划分的模型。单击眼睛形状的图标 👁 可以控制模型的显示或隐藏。

8．图层

图层可以让用户操作纹理集的层。图层包含 3D 对象上创建纹理的绘画和各种特效。用户可以隐藏和显示图层，将它们放入文件夹并修改它们的不透明度和混合模式。

9．纹理集设置

纹理集设置控制当前选择的纹理集（对象）的参数。它包含常规属性、通道和模型贴图三部分，如图 2.2 所示。

图　2.2

10. 显示设置

显示设置包含组合背景(环境)、摄影机和视图三部分。它是全局设置并会影响视窗的
外观表现,如图 2.3 所示。

图　2.3

11. 参数控制面板

参数控制面板可以调整当前绘制工具的参数以及当前编辑的图层参数。

12. 着色器设置

着色器设置可以控制着色器参数和置换参数,如图 2.4 所示。着色器控制着模型与视
图中的光照和阴影交互时的外观。在 Substance 3D Painter 中,着色器用于读取纹理集通
道并在视图中实时渲染 3D 模型。

13. 历史记录

历史记录类似 Photoshop 的历史动作视窗,如图 2.5 所示。它记录了用户的每一步操
作。通过选择历史步骤可以快速返回前面的多个操作。

14. 日志

日志记录软件在运行时的日志信息,如图 2.6 所示。

图 2.4

图 2.5

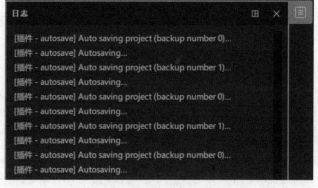

图 2.6

界面 2

2.2 新的界面和操作行为

2.2.1 新界面概述

新版本的 Substance 3D Painter 对界面从颜色和图标,再到小部件的行为,都进行了彻底的改造,如图 2.7 所示。

图 2.7

(1) 新的界面带来了全新的设计,使其更易于阅读,导航也更加轻松。软件重新设计了所有图标,使它们更加鲜明。此外,软件还重新设计了配色方案,现在的界面颜色更加一致,如图 2.8 所示。

图 2.8

(2) 软件改进了许多小部件,例如滑块。这使数位板的使用也更加流畅,如图 2.9 所示。

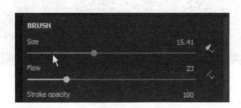

图 2.9

此外，用户还可以移动滑块或者使用数值进行更精确的编辑，如图 2.10 所示。

图 2.10

（3）新的视窗可以动态地开启停靠栏，如图 2.11 所示。单击右侧工具栏中的一个按钮，将它显示为停靠栏并浮动在界面上。重新单击该按钮可将其关闭。

图 2.11

如果将停靠栏从按钮上分离，它就会变成一个可以停靠在界面中的常规浮动窗口，如图 2.12 所示。

图 2.12

如果关闭它，该按钮将在停靠栏中再次可用。再次激活，它将再变为停靠栏。

（4）新的选项卡布局将项目组织成区块，同时仍然能够在其中快速滚动，以便浏览所有选项。与常规选项卡系统相反，新的选项卡布局可以有更大的视窗并且可以同时呈现所有的信息，如图 2.13 所示。

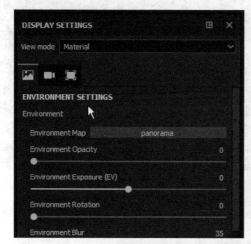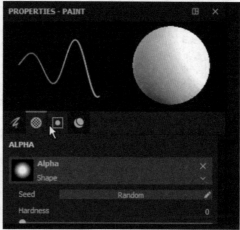

图　2.13

在视窗中右击，会弹出一个快捷菜单，可以直接在视窗中调整工具属性；在视窗中单击，快捷菜单将关闭；还可以直接将资源拖放到快捷菜单中，如图 2.14 所示。

图　2.14

（5）按下 Alt 键并单击通道按钮可以孤立通道，如图 2.15 所示。通道按钮就是图中蓝色框选的区域。再次按下 Alt 键并单击通道按钮将启用所有的通道。

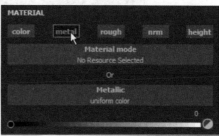

图　2.15

（6）在视窗的右上角有一个下拉列表，列出了所有的通道和网格贴图。通过按下快捷键 C 和 B 可以让用户快速将通道和烘焙的纹理显示在视窗中，如图 2.16 所示。

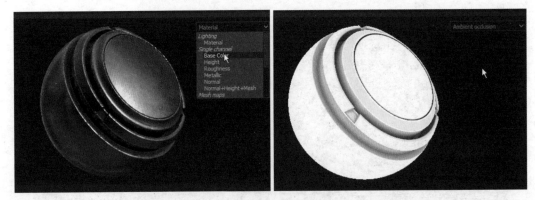

图　2.16

（7）这个下拉列表也可以在"显示设置"的停靠栏中找到，如图 2.17 所示。

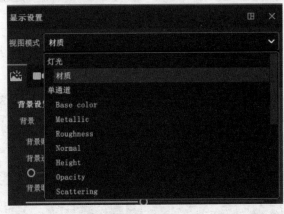

图　2.17

（8）显示设置和视图设置已合并到一个停靠栏中。环境（背景）、摄像机和视图设置现在也组合到一起，如图 2.18 所示。

图　2.18

（9）着色器参数已移至着色器设置中，如图 2.19 所示。

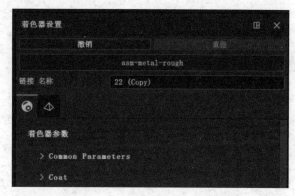

图　2.19

（10）可以拖放图层中的特效来重新排序，如图 2.20 所示。

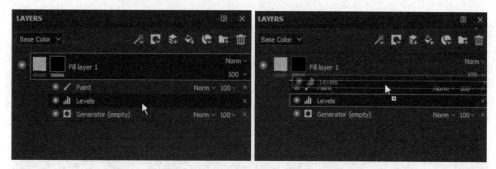

图　2.20

（11）当一个资源或一个图层被拖动到图层视窗的边界时，它将自动滚动显示其内容，如图 2.21 所示。

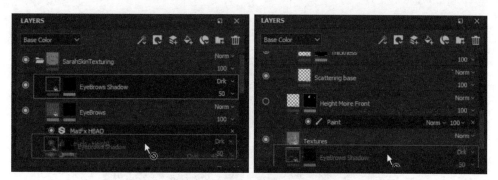

图　2.21

（12）通过右键菜单为"图层和文件夹"指定特殊的颜色可以组织图层，文件夹内的图层将继承文件夹的颜色（但会变暗）。在具有颜色的文件夹内移动未指定颜色的图层，将继承文件夹颜色，如图 2.22 所示。

如果图层应用特别的颜色，则不会被覆盖。这使得在着色和组织图层时变得更加容

图 2.22

易,如图 2.23 所示。

图 2.23

单击和滑动鼠标可以快速隐藏和取消隐藏多个图层,如图 2.24 所示。

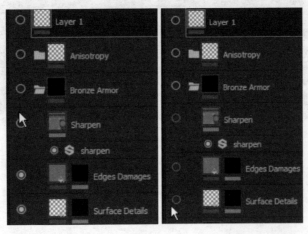

图 2.24

使用上下方向键可以快速切换混合模式。关闭混合模式的弹出菜单后,焦点将保留在图层上,并且可以继续使用上下方向键进行更改,如图 2.25 所示。

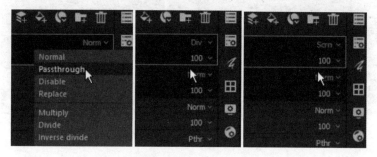

图　2.25

(13)可以单击眼睛形状的图标 👁 并拖动(就像在图层中刷选)来快速显示或隐藏纹理集,如图 2.26 所示。

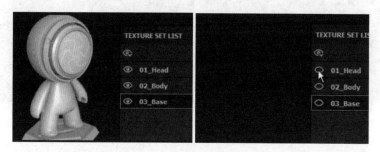

图　2.26

(14)更改了图层隐藏/显示状态的图标,使其更加一致并且更易于理解。还更改了所选图层的显示方式,更便于其效果和其他图层的选择,如图 2.27 所示。

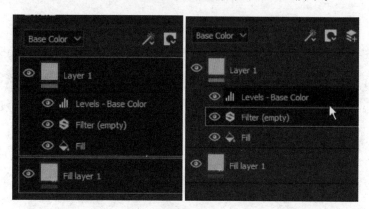

图　2.27

(15)添加到图层上的任何新特效都将放在当前所选特效的上方,如图 2.28 所示。

使用快捷键 Ctrl+Alt+鼠标左键滚动停靠栏和视窗,还可以使用绘图板的笔滚动,如图 2.29 所示。

图　2.28

图　2.29

2.2.2　取消停靠 2D 和 3D 视图

2D 和 3D 视图可以取消停靠并移动到其他地方,如图 2.30 所示。例如,在主屏幕上显示 3D 视图,而在另一个屏幕上显示 2D 视图。这样使设计者更容易组织应用程序的布局,把视线聚焦项目本身。

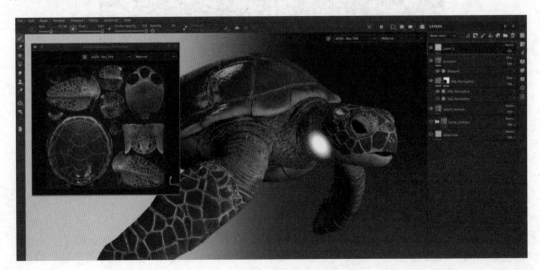

图　2.30

要取消停靠视图,只需打开视图菜单并从两个选项进行
选择,如图 2.31 所示。每个选项都会打开一个新的窗口,其
中包含其视图,而另一个视图仍停靠在主界面内。

即使是未停靠的视图也可以切换。当一个视图处于解
锁状态时,可以使用视图菜单中的快捷键来切换它们,如
图 2.32 所示。

图　2.31

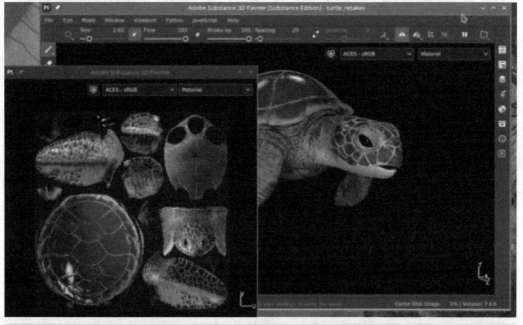

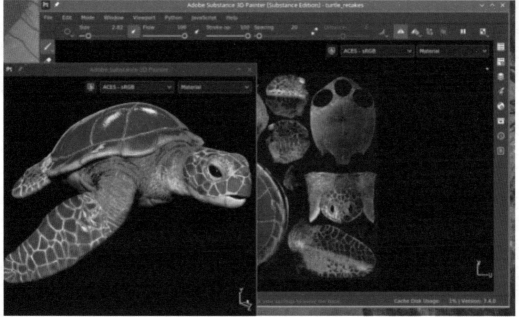

图　2.32

2.2.3　兼容色彩管理

非停靠的视图可以有自己的色彩管理,更容易在不同的显示器中进行管理,如图 2.33 所示。

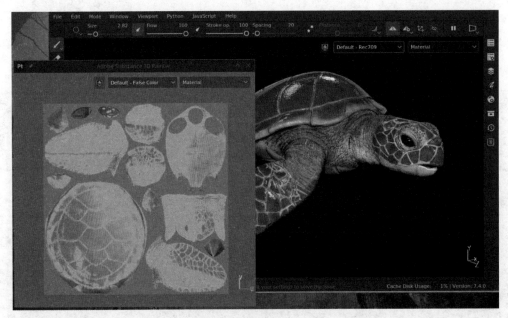

图　2.33

将鼠标指针悬停在 2D 视图上:按下 F 键仅最大化 2D 视图。
将鼠标指针悬停在 3D 视图上:按下 F 键仅最大化 3D 视图。
鼠标在视窗外:按下 F 键将同时最大化 2D 和 3D 视图,如图 2.34 所示。

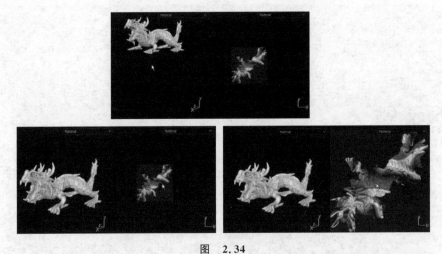

图　2.34

2.2.4　资源视窗

旧版本(7 或更早)的视窗已得到改进,并重命名为资源视窗。新增的图标使得内容能被更快速地访问且更容易过滤。资源视窗还带有更简单的"面包屑"导航系统,如图 2.35 所示。

图　2.35

在新版本(8 以后)中,界面设计注重简洁,也更容易组织视窗。视窗改为垂直停靠而不会浪费空间。"列表"显示模式可以使用户更轻松地按照"名称"搜索资源,如图 2.36 所示。

有时,在很小的界面中导航资源可能会很困难。在文件夹之间跳转并不容易,有了"面包屑"导航系统就不必显示完整的文件夹层次结构,如图 2.37 所示。

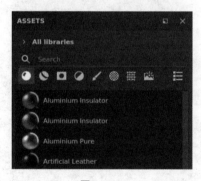

图　2.36

图　2.37

资源视窗中有很多不同的内容,要选择特定的内容,只需单击相应的图标按钮。单击图标按钮的同时按住 Ctrl 键,可以添加或删除多个资源,如图 2.38 所示。

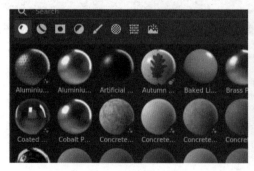

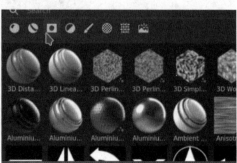

图　2.38

　　可以将资源视窗的材质和智能材质拖放到 3D 视窗中,如图 2.39 所示。这将显示出目标纹理集的网格,并且将在图层顶部创建一个新的图层。

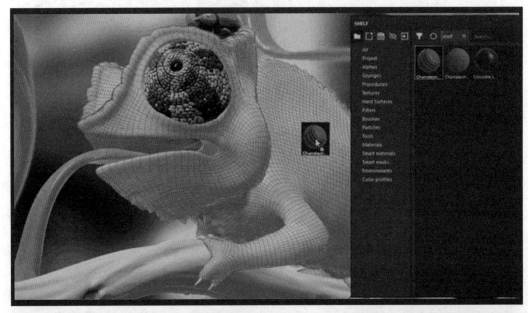

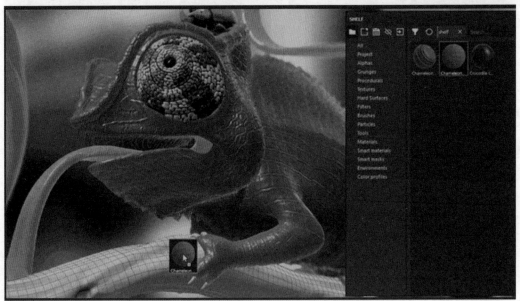

图　2.39

　　按住 Ctrl 键拖放材质,可以选择将用作遮罩的 ID 颜色,如图 2.40 所示。通过将材质(智能材质)拖放到 ID 地图上,改进了将内容从资源视窗拖放到 3D 视窗中的功能。

　　具有颜色选择效果的黑色蒙版将添加到新图层中。如果将相同的材质拖放到其他 ID 颜色上,则会更新图层。

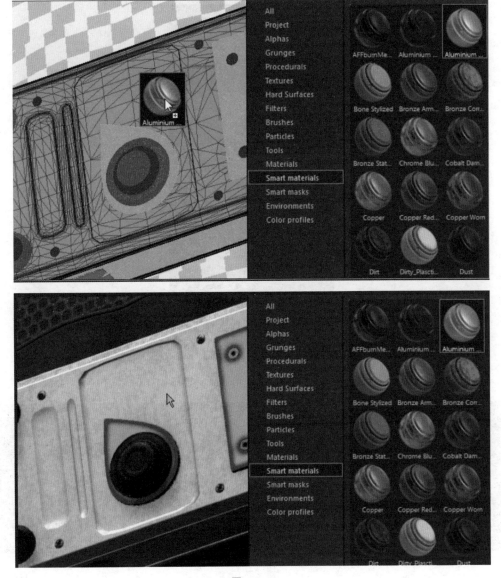

图 2.40

2.3 菜单栏

2.3.1 文件菜单

文件菜单包含了新建和保存项目、导出资源和导入项目等操作。下面将分别进行介绍，如图 2.41 所示。

（1）新建：创建一个新的文档项目。快捷键是 Ctrl＋N。

（2）打开：打开一个 Substance 3D Painter 项目。快捷键是 Ctrl＋O。

图　2.41

（3）最近文件：显示最近打开的所有项目，如图 2.42 所示。

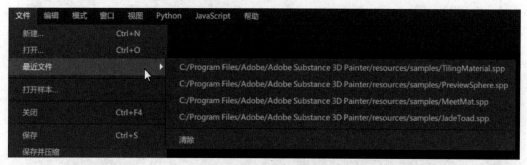

图　2.42

（4）打开样本：打开 Substance 3D Painter 附带的示范案例。

（5）关闭：关闭当前打开的项目。快捷键是 Ctrl+F4。

（6）保存：将当前的项目保存。如果是新项目，则使用另存为。快捷键是 Ctrl+S。

（7）保存并压缩：保存当前项目并压缩它（减少磁盘占用，比常规的保存慢）。

（8）另存为：以特定的名称和位置保存项目。

（9）保存为副本：以特定的名称和位置保存为副本，同时保持当前项目为打开状态，不会切换至新保存的项目。

（10）另存为模板：作为一个新的项目模板文件保存。

（11）清理：从当前项目中删除任何未使用的资源（将在下次保存后生效）。

（12）Import resources 导入资源：打开 Import resources 视窗，导入外部资源。如

Alpha、贴图、sbsar 材质等。更多信息请参阅"2.20　资源视窗"。

(13) 导出模型：将当前项目导出为 3D 模型文件。

(14) 导出贴图：打开纹理导出窗口，将当前项目导出贴图。快捷键是 Ctrl+Shift+E。

(15) 发送至：列出所有发送到的操作，将项目发送到另一个应用程序。

(16) 退出：关闭软件。如果未保存项目，软件会提示保存当前项目。

2.3.2　编辑菜单

编辑菜单可以让用户快速访问"撤销/重做"操作，还可以访问项目设置和全局设置，如图 2.43 所示。

图　2.43

(1) 撤销(Undo)：(在历史堆栈中)后退一步。快捷键是 Ctrl+Z。

(2) 重做(Redo)：(在历史堆栈中)前进一步。快捷键为 Ctrl+Y。

(3) 项目文件配置：打开当前项目的项目配置窗口，如图 2.44 所示。

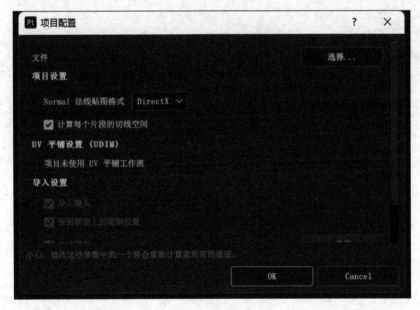

图　2.44

(4) 设置：打开常规应用程序设置窗口，如图 2.45 所示。

(5) 烘焙模型贴图：打开烘焙窗口，如图 2.46 所示。快捷键是 Ctrl+Shift+B。

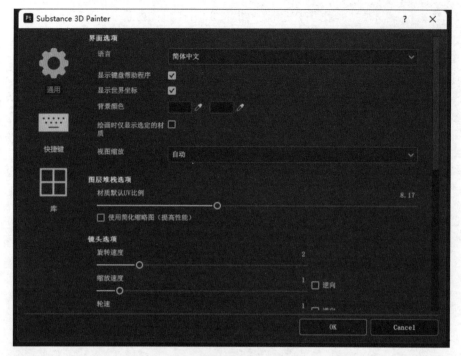

图 2.45

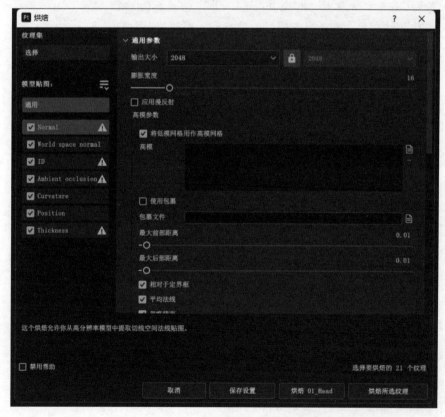

图 2.46

2.3.3 模式菜单

模式菜单允许在不同模式之间切换 Substance 3D Painter 的界面,每种模式都有特定
的用途,如图 2.47 所示。

(1) 绘画:在 3D 模型上绘画并操作图层。快捷键为 F9。

(2) Rendering(Iray):把当前项目切换到 Iray 渲染器。快捷
键为 F10。

图 2.47

2.3.4 窗口菜单

窗口菜单允许显示窗口列表以及它们是否在界面中可见,还可以使用工具栏菜单来隐
藏一些工具栏,如图 2.48 所示。

(1) 视图:列出界面中可以使用的窗口(勾选表示在当前窗口可见),如图 2.49 所示。

(2) 工具栏:列出界面中可用的工具栏(勾选表示选项当前可见,可以切换它们:停靠
栏、工具和插件),如图 2.50 所示。

图 2.48　　　　　　图 2.49　　　　　　图 2.50

(3) 隐藏 UI:隐藏界面的所有窗口和停靠栏,并最大化视窗。快捷键为 Tab。

(4) 重置 UI:将当前窗口布局重置为默认值。

2.3.5 视图菜单

视图菜单可以用于更改视图的显示模式,如图 2.51 所示。

(1) 显示材质:将视窗切换到材质模式,该模式显示带有照明和阴影的 3D 模型。快捷
键为 M。

(2) 显示下一个通道:将视图切换为下一个纹理通道。快捷键为 C。

(3) 显示前一个通道:将视图切换为上一个纹理通道。快捷键为 Shift+C。

(4) 显示下一个模型贴图:将视图切换为下一个烘焙的模型贴图类型。快捷键为 B。

(5) 显示上一个模型贴图:将视图切换为上一个烘焙的模型贴图类型。快捷键为
Shift+B。

图 2.51

(6) 显示整个模型：调整视图相机，居中显示 3D 模型。快捷键为 F。

(7) 启用快速遮罩：快速遮罩可以让用户遮罩不想绘制的模型部分。快捷键为 Y。

按 Y 键切换到快速遮罩编辑模式，用户可以绘制临时的遮罩。

再次按 U 键将切换回之前的工具并在该遮罩上绘画。

按 Y 键将重置/禁用遮罩。

在快速遮罩编辑模式下，按 I 键将反转遮罩。

(8) 编辑快速遮罩：快捷键为 U 键。

(9) 反转快速遮罩：快捷键为 I 键。

2.3.6 Python 菜单

(1) 插件文件夹：单击将开启 Python 视窗，如图 2.52 所示。

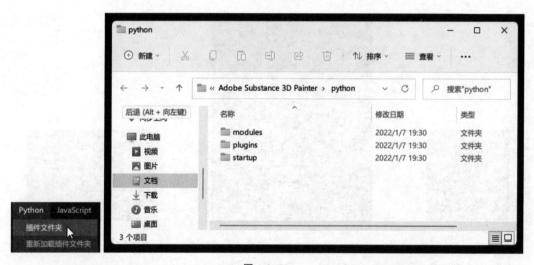

图 2.52

(2) 重新加载插件文件夹：单击将重新加载插件文件夹。

2.3.7 JavaScript 菜单

(1) JavaScript（插件）菜单列出了应用程序在启动时加载的所有可用插件，如图 2.53 所示。

应用程序发现的每个插件都会在菜单中添加一个条目以访问其他功能。插件根据它们使用的脚本 API（应用程序编程接口）分为两个菜单。在这里每个插件都有以下操作。

① 禁用/启用：更改插件的可用性。

图 2.53

② 重新加载：允许在应用程序运行时脚本更改的情况下重新加载插件。

③ 配置：如果插件支持，则显示配置插件的功能/窗口。

④ 关于：如果插件支持，则显示有关插件的信息窗口。

（2）获取插件：单击将到官方网站下载插件。

（3）插件文件夹：单击将开启插件视窗，如图 2.54 所示。

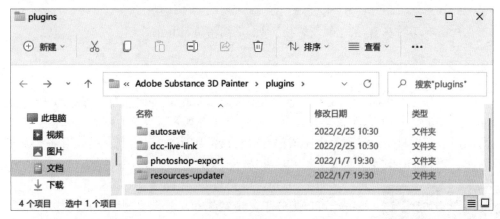

图　2.54

（4）重新加载插件文件夹：单击将重新加载插件文件夹。

2.3.8　帮助菜单

帮助菜单重新组合了从文档链接到关于窗口的各种操作，如图 2.55 所示。

（1）教程：打开应用程序相关的官方教程。

（2）发行说明：打开发行说明。

（3）文档：打开文档。

（4）快捷键列表：打开文档中的快捷键介绍。

（5）脚本文档：打开几个脚本 API 的本地文档。

（6）论坛：打开应用程序论坛。

（7）报告错误：打开错误报告窗口，以发送信息。

（8）导出日志：导出日志文件，以寻求官方支持。

（9）提供反馈：打开官方的功能请求平台。

（10）管理我的账户：打开许可证管理器窗口。

（11）登录：以用户的身份登录软件。

（12）欢迎屏幕：打开欢迎屏幕窗口。

（13）参与者：关于集成在软件中的插件。

图　2.55

2.4 工具栏

工具栏主要为手绘工具,由笔刷、橡皮擦、映射、多边形填充、涂抹、克隆、材质吸取等工具构成主要部分。

手绘的材质层与添加特效(生成)器后的遮罩层都一律通用。

工具栏在界面的左侧,由于属于常用工具,下面将进行详细介绍。

2.4.1 绘画

"绘画"工具可以在模型上绘制颜色、材质、遮罩,这是较为复杂的系统。快捷键是 1。当绘制材质选定好笔刷后,在属性参数面板中就可以调整笔刷所带的材质属性。基于 PBR流程可以调节多个材质通道。每个通道都对应自己的属性,所以绘画就是综合各个通道的完整材质表现,如图 2.56 所示。

图 2.56

从图 2.56 中可以看到笔刷图标 下有一个 ∨ 形小图标,长按一会可以展开子工具菜单。

这里还包含第二种"物理绘画"工具,用户可以使用它进行粒子绘画。通过单击"资源"视窗中的粒子画笔预设来访问粒子绘画,快捷键是 Ctrl+1。

物理绘画与普通绘画有所区别。物理绘画会根据绘制的轨迹生成一些粒子,而这些粒子再沿着模型表面运动,粒子所到之处的运动轨迹会被记录下来当成笔刷的路径(图 2.57)。物理绘画的好处是可以绘制一些手动需要大量时间的随机笔画痕迹,它通过计算可以帮我们快速生成这种随机的笔画,如图 2.57 所示。

图 2.57

2.4.2 橡皮擦

擦除当前手绘层的绘制内容,与笔刷的用法一样,在有绘制内容的地方涂抹即可擦除材质信息。快捷键是 2。

橡皮擦并没有真正删除信息。它只是将图层 Alpha 的设置归零,从而擦除/隐藏以前的绘画信息。因此,更建议删除图层并重新创建它,而不是使用橡皮擦,因为这样做可以提高性能。

　　擦除信息只影响特定的通道。与绘画工具相反,橡皮擦只定义了哪些通道会受到影响。

　　(1) 如果启用所有通道,橡皮擦将删除所有通道内的信息。

　　(2) 如果选择了特定的通道,橡皮擦将只从这些通道中删除信息。

　　同样它也具备物理橡皮擦功能,快捷键是 Ctrl+2,如图 2.58 所示。

图　2.58

2.4.3　映射

　　利用"映射"工具,用户可以找到一张贴图,然后将其放入对应的材质通道中,就可以在视窗中把图案绘制出来。例如,可以把"资源"视窗中的 Alpha 贴图作为映射素材,拖曳进 Base color 通道中,如图 2.59 所示。

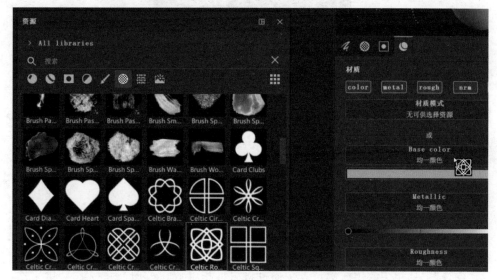

图　2.59

　　同样,也有"物理映射"工具,就是具有基于粒子预设的物理属性的映射绘制工具,如图 2.60 所示。

图　2.60

　　可以按快捷键 S 配合鼠标单击来编辑映射变换。

　　(1) 使用 S+左键单击来旋转模板。

　　(2) 使用 S+中键单击来移动模板。

　　(3) 使用 S+右键单击来缩放模板。

　　(4) 使用 S+左键单击+Shift 来捕捉/约束模板的旋转。

2.4.4　多边形填充

　　利用"多边形填充"工具,用户可以在 3D 模型上选择多边形来快速创建遮罩,它有 4 个图标,分别代表了各种填充模式,如图 2.61 所示。

图 2.61

(1)三角形填充:填充三角面。

(2)多边形填充:填充四边形。

(3)网格填充:填充整个连接的子网格。

(4)UV 块填充:填充整个 UV"岛"。

与多边形填充工具相关的快捷键是 4。绘制遮罩时按住 X 键将反转当前颜色。在绘制材质时此热键无效。

2.4.5 涂抹

"涂抹"工具可以拉伸、混合和模糊颜色以及其他材质属性。使用该工具最简单的方法是直接在绘画图层上涂抹它,就像普通的绘画工具一样,如图 2.62 所示。

图 2.62

2.4.6 克隆

"克隆"工具类似于 Photoshop 中的"印章"工具。利用"克隆"工具,可以选择一个参照点来绘制克隆。虚线矩形将作为参考点,圆形笔刷绘制的地方会完整地克隆参考点。通常用于修复一些 UV 边界或夹缝处的区域,如图 2.63 所示。

图 2.63

与"克隆"工具相关的快捷键是 V。通过将鼠标指针放在模型上并按下 V 键来选择参考位置,然后将鼠标放在将出现重复区域的位置并开始绘画。再次按下 V 键可以随时更新参考点。

2.4.7 材质选择器

利用"材质选择器"工具 ,可以在 3D 模型表面上吸取材质属性(颜色及其他通道)。这是一个临时工具,一旦选择了一种颜色,之前的工具就会重新打开。

上下文工具栏

2.5 上下文工具栏

上下文工具栏与工具栏是联动关系。随着选择的工具不同,上下文工具栏也将随之变化,如图 2.64 所示。

图　2.64

通常,上下文工具栏包含一些常用的参数,如画笔大小、画笔流量、笔刷透明度、间距(如果绘制步幅的间距数值较大,绘制的路径将不再连续,而是呈连续的点状分布)等。

2.6　直线绘制

利用工具栏中的"绘画"工具  可以绘制线条。与"曲线"工具相比,利用它绘画时的单击次数更少,精度更高,如图 2.65 所示。

图　2.65

按下 Shift 键,选择"绘画"工具将显示一条虚线,指示将遵循的路径。在视图中按下 Shift 键不断单击将绘制一个线条,如图 2.66 所示。

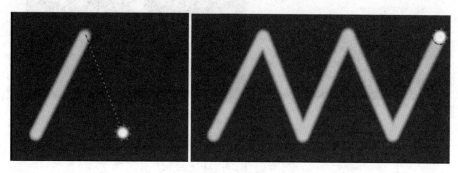

图　2.66

同时按下 Shift+Ctrl 组合键之外,可以每 5°捕捉一次直线,如图 2.67 所示。

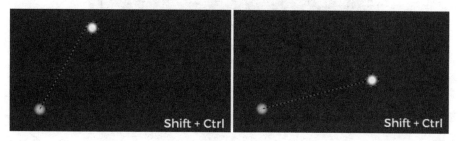

图　2.67

2.7 延时鼠标

Lazy Mouse(延时鼠标或延时笔刷)是鼠标的指针和实际绘画之间的距离偏移,可以让用户绘制更精确或更平滑的笔触,如图 2.68 所示。

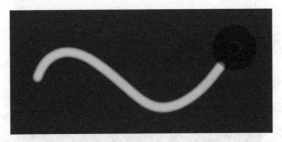

图 2.68

单击上下文工具栏中的按钮 ![按钮] 可以启用或禁用延时鼠标功能,如图 2.69 所示。启用后,视窗中画笔指针周围会出现一个灰色圆圈,如图 2.70 所示。

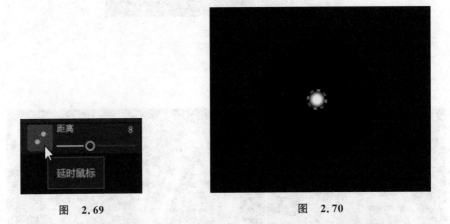

图 2.69

图 2.70

在上下文工具栏中可以更改延时鼠标的距离。该距离定义了从原始的绘制位置到笔刷轨迹的半径。距离越小,绘画越快,可以让用户快速涂抹,但会降低线的平滑度,如图 2.71 所示。

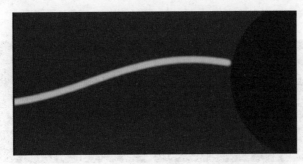

图 2.71

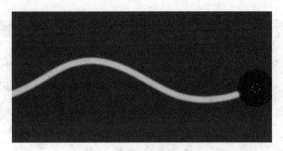

图 2.71(续)

2.8 对称功能

对称功能按钮如图 2.72 所示。

(1) 第一个按钮 ▲ 是对称模式,单击此按钮即可开启对称模式,模型会产生一条红色的对称参考线,画笔在任意一边绘制,另一边则产生对称的图案。

图 2.72

(2) 旁边带小齿轮的按钮 ▲ 是对称设定,它可以让用户调整三个对称轴和对称的偏移等。

径向对称是一种重复的环形绘制模式,单击"径向对称"按钮即可从对称模式转换过来,如图 2.73 所示。

图 2.73

绘制时,红点是将要环形绘制的位置,绘制的图案在每个点都是一样的,如图 2.74 所示。

(3) 开启"参数调整对称轴"操作器 ⛬ ,可以在视窗上手动拖动对称所需的参考线。

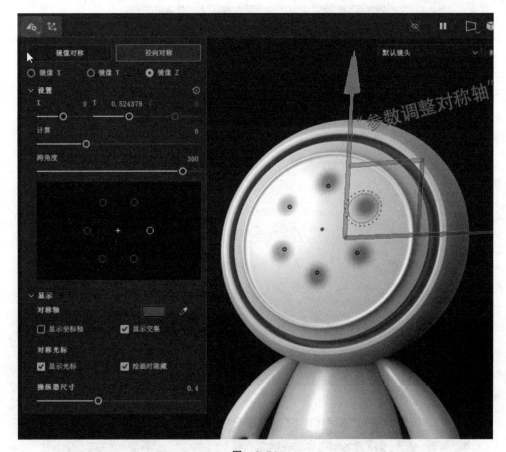

图 2.74

2.9 图层调板

图层是允许用户操作纹理集的层,如图 2.75 所示。

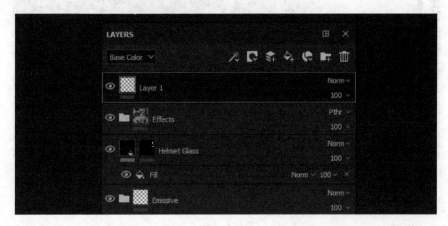

图 2.75

图层包含将在场景对象上创建纹理的绘画和效果。用户可以隐藏和取消隐藏图层,将它们放入文件夹,并更改它们的不透明度和混合模式。

2.9.1　概述

图层以特定的层次结构进行显示:底部的图层将首先在网格上展示出来,顶部的图层将随后展示。因此,顶部图层是最后一项,而最底部的图层是第一项。同样的原则也适用于文件夹,然而文件夹的内容是优先的。这意味着文件夹的内容将在处于同一层次的层之前被处理。

1. 图层和文件夹的共同特点

(1) 每个图层都是多通道的。
(2) 绘画工具会根据材质设置在它们各自的所有通道上进行绘画。
(3) 每个图层都有混合模式(在左上角的下拉菜单切换),每个通道都有不透明度。

2. 图层的类型

(1) 绘画图层:这种图层可以用画笔和粒子进行绘画。
(2) 填充图层:这种图层不能进行绘制。用户可以载入材质来填充通道。
(3) 文件夹:这种图层的唯一目的是包含其他图层,它主要是用来组织图层。

在每个图层上,用户可以添加一个遮罩,它允许将内容只应用于通道的特定部分。用户可以手动在遮罩上画画(用画笔画出灰度),或者使用滤镜和材质来获得更动态/程序化的结果。

2.9.2　视图模式

图层左上角有个下拉菜单,它控制着图层的视图模式,如图 2.76 所示。这个下拉列表是基于纹理集设置的通道列表。

图　2.76

由于一个图层可包含多个通道,所以视图模式可以用来定义当前的显示环境。当使用这个下拉菜单时,可以指定哪些通道应该显示在图层缩略图中,以及控制这个通道的混合模式和不透明度。

2.9.3　图层的操作

右上方的图标列表是在图层中的执行操作,如图 2.77 所示。

图　2.77

1. 添加特效

创建一个新的特效并将其添加到当前选定的图层。例如添加生成器、添加绘图、添加填充、添加色阶、添加对比遮罩、添加滤镜、添加颜色选择、添加锚定点,如图 2.78 所示。

图　2.78

2. 创建遮罩

打开遮罩菜单,其中包含添加白色遮罩、添加黑色遮罩、添加位图遮罩、添加颜色选择遮罩、添加高度组合遮罩,如图 2.79 所示。

图　2.79

3. 创建图层

（1）在图层中有多种创建图层的方法。通过单击"绘画"按钮 来创建一个绘画图层，如图 2.80 所示。

图　2.80

（2）通过单击"填充"按钮 创建一个填充图层，如图 2.81 所示。

图　2.81

（3）通过单击"文件夹"按钮 创建一个文件夹，如图 2.82 所示。

图　2.82

（4）复制一个图层的方法有以下几种，如图 2.83 所示。

图　2.83

- 右击图层,打开右键菜单选择"复制图层"命令来复制图层。
- 选中图层后,使用快捷键 Ctrl+D 复制图层。
- 选中图层,同时按下 Ctrl 键,然后拖动图层。

(5)通过单击"删除"按钮 🗑 删除一个图层,如图 2.84 所示。

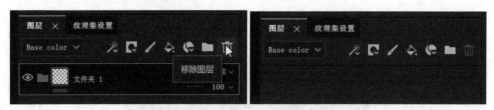

图　2.84

(6)从资源视窗中拖放资源也是创建图层的一种方式。从资源视窗拖放一个材质到图层中,如图 2.85 所示。

图　2.85

从资源视窗中拖放一个智能材质到图层中,如图 2.86 所示。

图　2.86

从资源视窗中拖放一个特效到图层中,如图 2.87 所示。

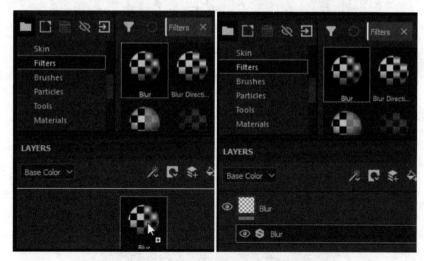

图　2.87

4. 管理图层

单击并拖动来移动一个图层。当移动图层时,可以看到一个白色的横条,它将指示图层的放置位置。

当横条位于图层上方,图层将放在图层上方,如图 2.88 所示。横条位于两层之间,图层将放在两层之间;横条位于图层下方,图层将放在图层下方。

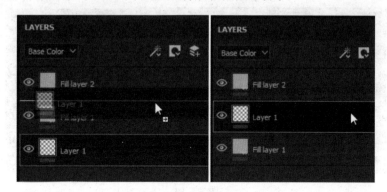

图　2.88

移动一个图层到一个文件夹中。单击并将一个图层悬停在文件夹中以将其放入其中,如图 2.89 所示。

多选可以通过两种不同的方式完成。第一种是按住 Ctrl 键加选;第二种是按住 Shift 键的同时单击第一层和最后一层,如图 2.90 所示。

组层:通过两个操作可以用当前选定的图层来创建一个文件夹。第一种是右击图层,打开右键菜单,选择"组层"命令(打组图层)。第二种是按下 Ctrl＋G 组合键,如图 2.91 所示。

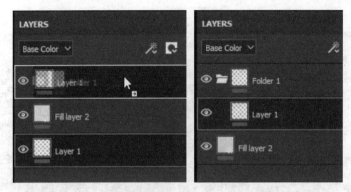

图 2.89

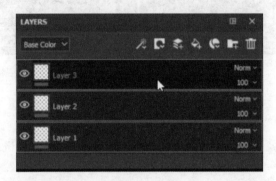

图 2.90

图 2.91

2.9.4 遮罩和特效

1. 遮罩

用户可以对图层进行遮罩,这方便在纹理区域显示/应用内容。可以通过使用右键菜单或单击相应的按钮来添加遮罩,如图 2.92 所示。

遮罩操作如下。

用户可以使用 Alt+单击遮罩缩略图来察看遮罩。它将把视图切换到遮罩层的视图,

图　2.92

如图 2.93 所示。

图　2.93

用户可以用 Shift＋单击遮罩缩略图来暂时禁用遮罩。重做相同的操作将重新启用它。也可以右击选择"切换遮罩"命令，如图 2.94 所示。

图　2.94

　　用户可以把一个遮罩的内容复制到另一个遮罩上,方法是在缩略图上右击选择"复制遮罩"命令,然后在第二个遮罩缩略图上右击选择"粘贴到遮罩"命令,如图 2.95 所示。

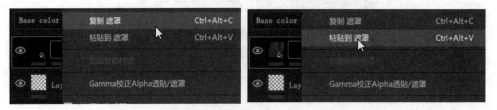

图　2.95

　　用户可以通过右击遮罩,选择"反转遮罩背景"命令来反转遮罩的背景,这可以有效避免破坏附着在遮罩上的特效,如图 2.96 所示。

图　2.96

　　再次添加遮罩或删除遮罩将破坏遮罩和所有附加在它上面的特效。
　　如果按下 Ctrl 键,通过拖放来创建填充图层,同时创建一个遮罩,如图 2.97 所示。

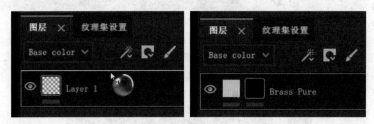

图　2.97

2. 特效

　　特效是一种可以随时编辑的特殊操作。它既可以附着于遮罩上,也可以附着于图层的内容上,例如,"生成器"就适用于遮罩,如图 2.98 所示。
　　图层上的每个缩略图下面的线表示是否存在特效。灰色表示没有特效,橙色表示至少有一个特效。

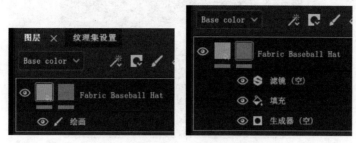

图　2.98

3. 智能遮罩

智能遮罩是一种保存遮罩及其效果的方法,可以在其他图层或其他项目中重新使用它。要创建一个智能遮罩,只需在遮罩上右击并选择"创建智能遮罩"命令,如图 2.99 所示。

图　2.99

当把一个智能遮罩拖放到一个图层上时将创建一个黑色遮罩。在拖动智能遮罩时按下 Ctrl 键,可以覆盖掉之前的特效。

2.9.5　混合模式

图层和特效可以使用多种混合模式。它们以不同的方式将一个图层与下面的图层相混合。注意,不是所有的混合模式都适合。例如,法线贴图的混合模式只对纹理集中的法线通道有用。

1. 混合模式的顺序

要了解如何以及何时应用混合模式,重要的是要了解在图层中执行操作的顺序。
(1)底部图层被计算出来。
(2)顶部图层被计算出来,并根据混合模式与下面的图层混合。
(3)遮罩被应用于顶层,以获得最终的外观。

2. 改变混合模式

可以为一个图层中的每个通道更改混合模式。要在通道之间切换,可以在图层窗口中使用左上角的下拉菜单,如图 2.100 所示。
如要改变混合模式,只需单击图层上的混合模式菜单,如图 2.101 所示。
可以使用快捷方式在混合模式之间快速切换:上下方向键;鼠标滚轮上下滚动。

图　2.100

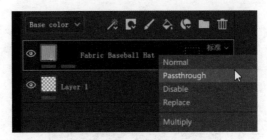

图　2.101

3. 混合模式列表

大多数混合模式是通过 RGB(或灰度)的操作进行的,但有些操作是通过 HSV(色调、饱和度、数值)的不同模式进行。所有的混合模式都在内部以线性伽马空间运算。

2.9.6　图层实例化

图层实例化可以让用户在多个图层和纹理集之间同步图层参数,同时能够生成一个依赖于网格的结果。当创建一个图层实例时,原始图层(或源图层)将被用来复制成所有实例。只有源图层可以被修改。

任何绘画动作(笔刷的笔触、多边形填充等)都只能在源图层所在的纹理集上进行。拥有这个图层实例的其他纹理集将简单地丢弃绘画动作。

1. 创建图层实例

选择现有图层,复制该图层(快捷键 Ctrl+C),将其粘贴为实例(使用快捷键 Ctrl+Shift+V 或打开右键菜单选择"粘贴图层作为链接"命令),如图 2.102 所示。

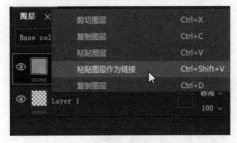

图　2.102

实例可以从任何图层中(包括组)创建。对文件夹进行实例化是在不同纹理集上复制多个图层的一个简单方法。在实例文件夹中添加图层也会将它们复制到现有的实例中。

创建一个实例后,源图层(图 2.103)和目标图层(图 2.104)将显示为一个新的图标按钮,用户可以更轻松地在源图层和它的实例之间进行导航,无须手动切换纹理集。

图　2.103　　　　　　　　　　　图　2.104

2. 创建一个跨纹理集的实例

用户可以通过一个动作在多个纹理集上创建一个图层实例,避免手动复制、粘贴。

在多个纹理集上创建一个实例:选择任何图层,打开右键菜单,选择"跨纹理集链接"命令。在新窗口中检查有哪些纹理集需要接收实例,单击 OK 按钮并创建实例,如图 2.105所示。

图　2.105

注意:纹理集名称旁边的感叹号表示通道不匹配。即如果在这个纹理集中创建了一个实例,它将因为缺少一个通道而无法正确渲染。

3. 切换实例图层与源图层

由于实例只能通过编辑源图层来更新(由于技术原因),因此必须选择源图层来编辑它的属性。这可以通过单击图层中的"实例属性"按钮来完成。

单击"实例属性"按钮 时,属性窗口将从当前图层切换到显示为"源图层及其实例"的"实例树列表",如图 2.106 所示。

单击 "实例树列表"中的下一级会自动跳转到这个图层,这也会自动完成纹理集的切换,如图 2.107 所示。

使用"实例树列表"是快速从"实例"转到其他源图层,同时可以看到依赖关系的最佳方式。

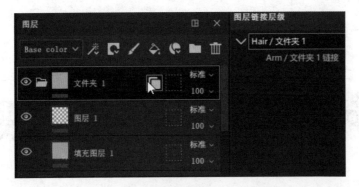

图　2.106

图　2.107

4. 实例循环（解决方案）

循环是直接或间接用于源图层本身的实例。循环不能由 Substance 3D Painter 的引擎计算，因此需要禁用，直到修复或删除，如图 2.108 所示。

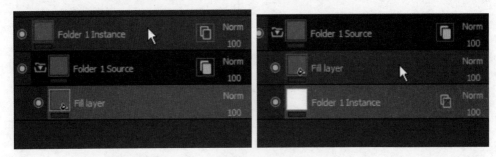

图　2.108

在上面这个例子中，源图层的实例被移动到里面（因为它是一个文件夹）。这个实例变得支离破碎，为了生成它的参数，用户需要查询源图层的参数，而源图层的参数又依赖于实例的参数。这就形成了一个无法解决的循环，实例就会失效了。

修复循环的唯一方法是将实例移出文件夹或将其删除。只要实例本身指向不同的源图层，就可以在源图层中使用图层实例。

2.9.7　几何遮罩

几何遮罩是图层上的辅助遮罩,可以根据相关纹理集的 3D 模型对图层进行遮罩。它可以通过网格名称或 UV 平铺进行遮罩,如图 2.109 所示。

图　2.109

1. 概述

几何遮罩可以通过一个"包含/排除"列表来指定图层应用在模型的哪个部分。

几何遮罩是一个非常方便的工具,它可以快速地遮罩/取消遮罩模型。它提供了比绘画遮罩更多的优势:在设置和使用视窗选择模式时,它的速度更快,并且提供了更好的性能,因为在生成纹理时它可以完全抛弃几何模型。此外,它是非破坏性的,当模型改变后重新导入时,它将会更新。它还可以绘制隐藏的部分。

与绘画遮罩一样,几何遮罩可以应用在一个组上,一次影响多个图层。

2. 图标的状态

几何遮罩的图标可以显示它的状态。

(1) 没有排除任何几何体,该图层应用到相关纹理集的整个模型。这是任何新图层或文件夹的默认状态,如图 2.110 所示。

(2) 已排除一个或多个网格。数字表示受图层影响的剩余元素的数量,如图 2.111 所示。

(3) 已排除一个或多个 UV 平铺。数字表示受图层影响的元素数量,如图 2.112 所示。

(4) 不包含网格,该图层没有任何实际效果,如图 2.113 所示。

图　2.110　　　　图　2.111　　　　图　2.112　　　　图　2.113

3．编辑几何遮罩

要修改图层的几何遮罩，只需单击它的图标，如图 2.114 所示。

图　2.114

要退出编辑模式，只需单击图层的内容或绘制的遮罩，如图 2.115 所示。

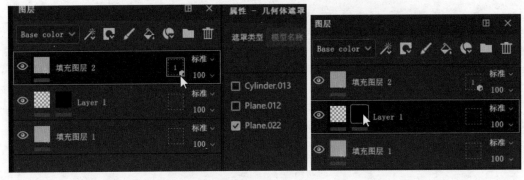

图　2.115

4．遮罩类型

几何遮罩支持两种类型的遮罩。

（1）UV：通过指定 UDIM 编号进行遮罩。这是最有效的方法。

（2）网格名称：通过指定在模型中的子网格进行遮罩。按网格名称对几何形进行分组。

5．图层操作

图　2.116

通过右击几何遮罩的图标直接从图层中快速修改几何遮罩的状态，它提供以下操作，如图 2.116 所示。

（1）复制几何体遮罩：复制图层的几何遮罩类型和选择。

（2）粘贴到几何体遮罩：粘贴之前复制的几何遮罩属性。

（3）包括所有：将遮罩的所有元素标记为选中。

（4）全部排除：将遮罩的所有元素标记为取消选择。

6. 通过几何遮罩进行绘画

当几何体的某部分被排除时，可以在视窗中隐藏，这样就可以在被遮罩的几何体上进行绘制。要隐藏排除的几何图形，可以使用工具栏中视窗顶部的按钮，如图 2.117 所示。

在下面的示例中，3D 模型已拆分为两个对象：顶部和底部。默认情况下，笔触会与所有对象发生接触。通过排除顶部，现在可以只在底部绘画。

图　2.117

（1）在几何遮罩中没有排除任何几何形，完成白色笔触的绘画图层将与所有几何形发生接触。隐藏排除的几何形按钮将被禁用，如图 2.118 所示。

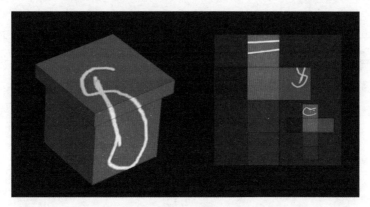

图　2.118

（2）在几何遮罩中排除顶部，白色笔触仅与底部模型相接触。隐藏排除的几何形按钮已经激活，如图 2.119 所示。

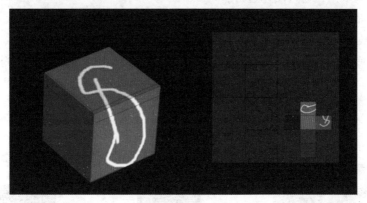

图　2.119

（3）顶部已经被排除在几何遮罩之外，白色笔触仅与底部模型相接触。隐藏排除的几何图形按钮被禁用，如图 2.120 所示。

图　2.120

纹理集列表

2.10　纹理集列表

纹理集列表视窗将显示当前模型的所有材质效果。纹理集列表可以切换和查看每种材质相关的图层及设置,如图 2.121 所示。

图　2.121

纹理集列表视窗的主要用途是进行材质切换,并且访问与材质相关联的图层。

注意:每次只能处理一个纹理集(对象)。

纹理集的显示可以通过图标进行管理。

(1)显示所有:将在视窗中显示所有纹理集(对象)。

(2)隐藏所有:将隐藏视窗中的所有纹理集(对象)。

(3)反转显示/隐藏:将可见的纹理集变为隐藏,隐藏的纹理集(对象)将变为可见,如图 2.122 所示。

处于激活状态时,隔离当前纹理集(对象)并隐藏所有其他纹理集。再次单击此按钮可退出该模式,如图 2.123 所示。单击该按钮将在视窗中隐藏或显示纹理集(对象),如图 2.124 所示。

图　2.122　　　　　　图　2.123　　　　　　图　2.124

2.11　纹理集设置

　　纹理集设置控制着当前选择的纹理集(对象)的参数。它包含"常规属性""通道"和"模型贴图"三部分,如图 2.125 所示。

图　2.125

2.11.1　常规属性

　　下面是常规属性的内容,如图 2.126 所示。

图　2.126

　　(1) 名称:纹理集的名称。

　　(2) 描述:可以添加信息。

　　(3) 大小:控制贴图的精度。因为 Substance 3D Painter 是非破坏性工作流程,所以纹理集精度是动态的。这意味着可以在低精度下处理以获得良好的性能,然后使用更高的精度来获得更好的质量。

　　通道的最大精度为 4096 像素 × 4096 像素,而在导出时的最大精度为 8192 像素 × 8192 像素。注意,更改精度可能会导致长时间运算。

　　(4) 着色器链接:定义在视窗中纹理集的着色器。

2.11.2　通道

用户可以随时通过添加或删除通道来修改当前的列表，如图 2.127 所示。

图　2.127

单击 ✚ 按钮将打开一个菜单，从中选择新通道添加到列表中，如图 2.128 所示。

图　2.128

　　Substance 3D Painter 没有限制可以添加多少个通道的数量，但是过多的通道会严重影响性能并需要更多的内存。

图 2.127 中的"×"意味着从列表中删除一个通道。模型中的绘画信息不会随通道一起删除，因此如果需要恢复纹理，可以稍后添加通道。

每个通道后面可以看到它的色彩类型，建议保持默认即可，如图 2.129 所示。

图　2.129

2.11.3　模型贴图

模型贴图是模型的烘焙纹理，可以在滤镜、智能材质和智能遮罩的帮助下提高绘制纹理的质量，如图 2.130 所示。下面是模型贴图的内容。

图　2.130

Normal：法线贴图。

World space normal：世界空间法线贴图。

ID：不同模型的部件使用不同的纯色来区分。

Ambient occlusion：环境吸收贴图。模型结构彼此靠近的位置不容易接触光源，由此生成一张灰度图。

Curvature：曲率贴图。基于模型上曲率的变化生成一张贴图。

Position：位置贴图。把模型位置转化为纹理贴图。

Thickness：厚度贴图。越薄的地方越白，相反的越黑。

单击"烘焙模型贴图"按钮，将打开烘焙视窗。烘焙视窗分为三个主要部分：烘焙列表、通用参数和帮助信息，如图 2.131 所示。

图　2.131

图　2.132

1. 烘焙列表

烘焙列表的每个按钮左边都有一个勾选框,勾选它将启用这个通道的烘焙。名称右边的图标 ⚠ 表示需要高精度模型作为烘焙参考对象,如图 2.132 所示。

2. 通用参数

这部分显示了各种烘焙设置。它可以根据当前选择的参数而改变,如图 2.133 所示。

3. 帮助信息

"烘焙"视窗下方区域显示了与设置相关的各种工具提示和

图　2.133

帮助信息。将鼠标移动到不同设置上可以在此处阅读其工具提示，如图 2.134 所示。

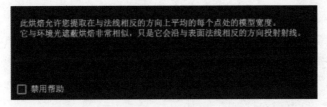

图　2.134

2.12　属性参数

属性参数影响着所有图层和工具的参数控制。在预览视窗右击可以弹出属性参数面板，如图 2.135 所示。

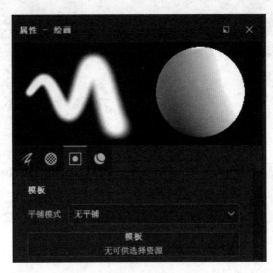

图　2.135

属性参数主要有三种,如图 2.136 所示。

(1) 工具属性:工具类型的参数,如笔刷、橡皮擦等。

(2) 填充图层属性:图层的参数,如填充图层或手绘图层。

(3) 特效属性:图层的特效参数。

图　2.136

视图导航

2.13　视图导航

视窗用于显示 3D 模型和纹理效果,如图 2.137 所示。

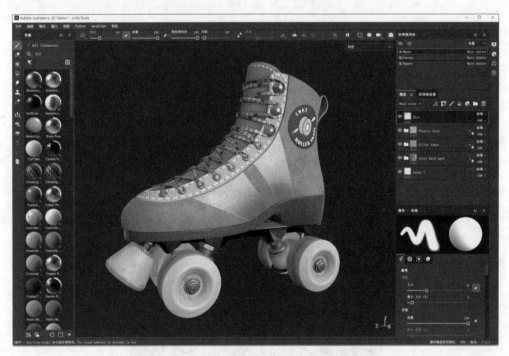

图　2.137

视窗　分为以下四部分。

(1) 上下文工具栏:位于视窗的顶部,并提供各种属性的快捷方式。

(2) 3D 视图:将以特定角度显示模型。

（3）2D 视图：将显示模型的 UV 展开。

（4）进度条：例如当引擎生成纹理时，视窗底部出现一个灰色/绿色条。

默认是同时显示 3D 视图和 2D 视图 ，快捷键是 F1。

只显示 3D 视图 ，快捷键是 F2。

只显示 2D 视图 ，快捷键是 F3。

交换 3D/2D 视图 ，指交换视图顺序。如果 3D 视图位于左侧，交换视图后，3D 视图将位于右侧。快捷键是 F4。

默认为透视图（图 2.138）：模型在 3D 视图中显示透视状态，如图 2.139 所示。

图 2.138

正交视图：模型显示为正交状态，如图 2.140 所示。

图 2.139

图 2.140

视图导航的快捷键如下。

旋转观察视角：Alt＋左键。

平移观察视角：Alt＋中键。

缩放观察视角：Alt＋右键。

旋转视角快照：Alt＋Shift＋左键，每隔 90°捕捉相机旋转，如图 2.141 所示。

图 2.141

按下 F 键可以最大化视图。

2.14　镜头选择和视图显示模式

1. 3D 视图

这是 3D 视图中的模型,也是直接在模型上绘画的地方,如图 2.142 所示。

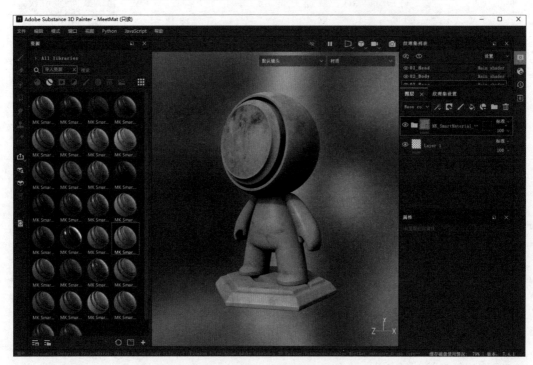

图　2.142

2. 镜头选择

如果模型文件中包含镜头信息,则可以将它们导入项目。如果除了默认镜头之外没有其他镜头,则不会显示下拉菜单。

图　2.143

如果该下拉菜单包含多个镜头,使用上下方向键可以快速切换镜头,如图 2.143 所示。

3. 显示模式

默认的,视窗的显示模式设置为材质,以显示环境照明。该下拉菜单可以将显示模式切换为"单通道"类型和"模型贴图"类型,如图 2.144 所示。

通过显示设置以及其他渲染设置可以控制照明效果,也可以借助快捷键更改照明方向。

按下快捷键 M 将切换为材质显示;按下快捷键 B 可以在模型贴图之间切换;按下快

捷键 C 可以在单通道之间切换。

4. 坐标轴

视窗的右下角是 3D 视图的坐标轴,它将指示场景的方向,如图 2.145 所示。

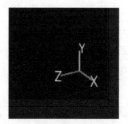

图　2.144　　　　　　　　　　　　图　2.145

2.15　显示设置

"显示设置"视窗包含了背景(环境)、镜头和视图三个设置。这是一些全局设置,并会影响视窗的外观,如图 2.146 所示。

图　2.146

视图模式控制着视窗的外观,其中内容分为以下三个类别。

(1) 材质:在视窗中显示具有完整照明(包括阴影)的 3D 模型。

(2) 单通道:也称为孤立模式。在视窗中显示为无照明的特定通道。

(3) 模型贴图:在视窗中只使用无照明的烘焙纹理。

2.15.1 背景设置

1. 背景

环境贴图:用于照亮场景的环境图纹理。在"资源"视窗中找到"环境"预设,单击"环境图"按钮 ,从中选择不同的环境图。

覆盖环境映射颜色空间:如果当前的项目使用了颜色管理,可以启用这个设置来覆盖环境映射的颜色空间。

背景(环境)不透明度:控制视窗中的环境贴图的可见性/不透明度。

背景(环境)曝光:曝光值(EV)代表场景亮度的数值,可以用来偏移默认的亮度值。在使用环境贴图时,背景(环境)曝光应保持为 0。使用不正确的曝光值对资源进行纹理处理可能会导致其他应用程序中出现颜色校准问题。

背景(环境)旋转:控制环境贴图的水平旋转。

背景(环境)模糊:控制在视窗中显示的环境贴图模糊度。

背景(环境)对齐:控制在视窗内,环境贴图围绕 3D 模型旋转的方式。

世界(默认):环境贴图与场景对齐,旋转 3D 模型时,环境贴图会产生明暗变化。

镜头:环境贴图与摄像机对齐,这样无论怎么旋转,环境贴图都保持不变。

2. 阴影

(1) 阴影开关:启用/禁止视窗中阴影的渲染。

(2) 计算方式:控制计算亮度的速度,分以下三种模式。

① 强度:计算速度快,但可能会导致冻结视窗。

② 平均值:介于强度模式和轻量级模式之间。

③ 轻量级:默认在几秒内缓慢计算亮度,但不会降低视窗的性能。

(3) 阴影不透明度:控制场景中的阴影数量。

2.15.2 镜头设置

镜头设置控制着镜头并影响视窗的最终效果。用户可以选择在不同的视角进行切换。

1. 镜头

视角:允许控制摄像机的视野(以度为单位)。

焦距:定义焦点的距离(以毫米为单位)。通过使用 Ctrl+鼠标中键单击场景中模型的一个点自动设置焦距。

光圈:定义景深的宽度。如果 Iray 正在控制此参数,则更改它将重新触发计算。

2. 激活后期特效

后期特效是可应用于视窗中渲染图像的滤镜,用以模拟常见的摄像机效果,包含颜色较正、自由度(景深)、色调映射、眩光、晕影、镜头扭曲变形。

3. 激活随机采样抗锯齿

启用时,随机采样抗锯齿将消除视窗中边缘的锯齿。

积累:数值提高将减少锯齿。"16":大多数情况下的推荐值。"64":在对比度极高时使用。

对于随机采样抗锯齿设置,其数值设置较高,则需要更长的时间才能产生结果,也就是说会对性能产生任何影响。

4. 激活次表面散射

采样计数:数值越高,效果越好。

5. 颜色配置文件

可以从颜色配置文件中选择一个文件进行颜色配置。

白点:数值越低,亮度越高;数值越高,亮度越低。

6. 色调映射

选择适应超出显示器显示能力的颜色值函数(如将 HDR 值重新映射到 LDR 范围)。通常可以在"线性"和 ACES 两种模式下做出选择。

(1) 线性(默认):无变换,1.0 以上的值被限制。

(2) ACES:将使用 ACES Filmic 色调映射曲线。

2.15.3　视图设置

控制与视窗显示相关的各种设置,例如,纹理过滤和模型线框。

1. 纹理过滤

各向异性过滤和 MipMap 偏差允许控制在视窗中显示纹理贴图。MipMap 偏差设置将强制对远处或处于倾斜角度的像素使用非常锐利的纹理,但有时 MipMap 偏差可能会产生莫尔纹或抖动。默认设置是质量和性能的折中。

2. 各向异性过滤

各向异性过滤可以提高以倾斜角度观看时的纹理质量。数值越高,提供的过滤越好,但可能会导致性能损失。各向异性过滤设置控制用于过滤的每像素样本数(spp):禁用(无过滤)、低(2spp)、中(4spp)(默认值)、高(8spp)、非常高(16spp)。

3. MipMap 偏差

偏移 MipMap 细节级别来提高纹理的质量,可能会导致性能损失和锯齿状纹理。
0 为柔化(轻量级性能):默认值。
1 为中等柔化。
2 为锐利。
3 为非常锐利(密集性能)。

4. 镜头框架

显示镜头框架:激活将显示镜头框架。
入口遮罩透明度:可以将在视图中的框架进行遮罩,范围为 0～100。

5. 工具展示

绘画时隐藏模板:使用模板时,可以在模型上绘画时隐藏模板。
模板显示不透明度:不进行绘画时,模板在视窗渲染上的状态。
映射预览通道:使用投影工具时,显示材质的通道。

6. 模型线框

显示模型线框:启用或禁用视窗中模型线框的显示。
线框颜色:绘制模型线框的颜色。
线框不透明度:在模型顶部绘制时,线框的可见度。

7. 通道显示

只使用单通道视图模式时可用。
显示无照明的独立视图:在单通道模式下查看时,将消除照明并将通道显示为纯色。
如果禁用,阴影将应用于模型的边界。

8. 缩放 HDR 值

在单通道模式下查看 HDR 纹理(例如高度)时,缩放 HDR 值将缩放总值。这适用于超
过 1 或低于−1 的值。结果等于通道按比例缩放。

9. 使用＋/−颜色调整 HDR 值

通过用第一种颜色替换正值和用第二种颜色替换负值来更轻松地查看 HDR 纹理。中
性值(0)为黑色。

10. 颜色通道

修改视窗视图模式,仅以单独显示当前通道的 R、G、B 或 Alpha 分量。在材质显示模
式下不可用。
启用后,所选颜色通道的名称将显示在视窗中,如下所述。

RGBA(默认)：在颜色通道上，以透明度显示所有成分。

灰度＋Alpha(默认)：在灰度通道上，以透明度显示灰度值。

R：在颜色通道上，仅显示红色分量。

G：在颜色通道上，仅显示绿色分量。

B：在颜色通道上，仅显示蓝色分量。

Alpha：在任何通道上，仅显示纹理的透明度。

11. 网格

网格设置允许在 3D 视窗内显示和控制 3D 模型的绘制。当前网格的单位显示在视窗的左下角。

显示网格：在 3D 视窗中让模型处于可见状态。

轴：定义模型在视窗中沿着哪个轴向可见。默认值为 Y 轴。

网格颜色：在视窗中绘制时网格的颜色。

网格不透明度：视窗中模型的不透明度。

2.16　着色器设置

"着色器设置"视窗可以控制着色器参数和置换参数。着色器控制对象与视窗中的光照和阴影交互时的外观。在 Substance 3D Painter 中，着色器用于读取纹理集通道并在视窗中渲染 3D 模型，如图 2.147 所示。

图　2.147

图 2.148 所示区域控制着着色器的主要参数。着色器的"撤销/重做"独立于主历史记录，不与绘制产生冲突，如图 2.148 所示。

(1) 撤销：恢复/取消更改或任何修改。

(2) 重做：再次应用更改。

(3) asm-metal-rough(着色器文件)：显示当前着色器文件的按钮。单击它将打开一个

图 2.148

视窗,在不同的着色器中选择。如果用户要绘制汽车烤漆的材质贴图,那么在制作贴图前可以选择一个烤漆材质,这会影响在视窗中的预览表现,如图 2.149 所示。

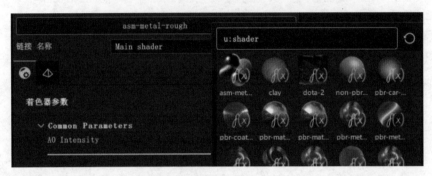

图 2.149

每个不同类的着色器文件都可以进行自定义的参数设定,参数种类各不相同。

(4) 链接名称: 着色器实例的名称。

注意: 这里的名称可以手动修改。

着色器实例是基于原始着色器文件但具有自定义参数的着色器。着色器可以跨纹理集共享,纹理集可以有唯一的着色器。例如,一个项目可以使用基础着色器,而一个纹理集可以使用自定义的着色器来使用不透明度参数。

2.16.1 着色器参数

着色器参数取决于当前加载的着色器文件。默认的着色器参数如图 2.150 所示。

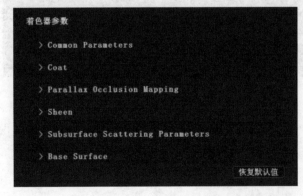

图 2.150

1. Common Parameters(普通参数)

下面是普通参数的各个选项,如图 2.151 所示。

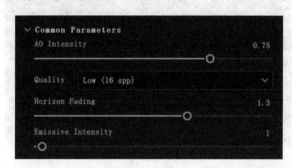

图　2.151

(1) AO Intensity(AO 强度):环境吸收强度的一个乘数,范围是 0~1。

(2) Quality(质量):在视窗中控制镜面反射的品质。质量越高,反射越准确,但是更耗费计算资源,这会导致预览的速度变慢。

(3) Horizon Fading(地平线衰减):基于地平视角的镜面反射衰减,需要法线贴图才能生效。

(4) Emissive Intensity(发射强度):发射的强度。

2. Coat(涂层)

Enable:开启/关闭涂层,如图 2.152 所示。

3. Parallax Occlusion Mapping

Enable(视差贴图):开启/关闭视差贴图,如图 2.152 所示。

4. Sheen(光泽)

Enable:开启/关闭光泽,如图 2.152 所示。

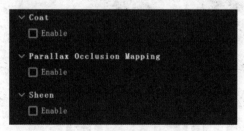

图　2.152

5. Subsurface Scattering Parameters(次表面散射参数)

Substance 3D Painter 的实时次表面实现是一种屏幕空间的次表面散射效果,如图 2.153所示。

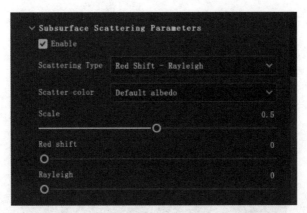

图　2.153

Enable：开启/关闭次表面散射效果。

（1）Scattering Type（散射类型）：定义了光线在材质中的吸收行为，有三个可选的选项。

- Red Shift-Rayleigh，瑞利散射时会发生红移。比皮肤设置更准确，可以模拟人类或生物表面皮肤。
- Translucent（半透明）：适合一般材质（如玉石或大理石），光可以穿透深入到物体中。
- Skin：适合于有机皮肤，光线被迅速吸收，只在模型表面附近散射。

（2）Scattering color（散射颜色）：光被当前材质吸收时的颜色，它有两个可选的选项。

- Default albedo：默认的反照率。
- Scattering color channel：散射颜色通道。

（3）Scale（尺度）：控制材料中光吸收的半径/深度。此参数行为会根据场景中模型大小而变化。下图展示了人头在 0.0、0.2 和 1.0 的变化，如图 2.154 所示。

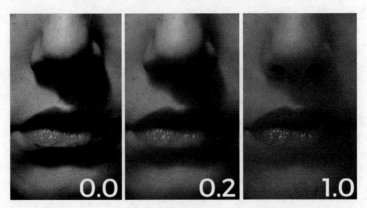

图　2.154

（4）Red shift：红移。

（5）Rayleigh（瑞利波）：产生瑞利散射。

6. Base Surface（基本表面）

Enable anisotropy：开启/关闭各向异性，如图 2.155 所示。

Index of refraction：折射率的强度，如图 2.155 所示。

Enable edge color：开启/关闭边缘颜色，如图 2.155 所示。

图　2.155

2.16.2　置换和曲面细分

置换和曲面细分可以用来修改对象形状并添加更多细节，如图 2.156 所示。

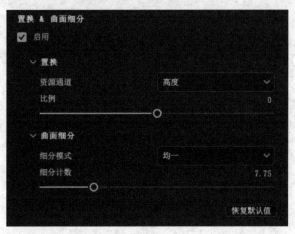

图　2.156

启用：开启/关闭置换和曲面细分。

（1）置换：基于输入通道推动或偏移几何形体。

- 资源通道：网格变形所基于的通道。默认为高度，也可以设置为置换。
- 比例：控制置换位移的强度。可以是正/负向，范围是 $-0.5 \sim 0.5$。

（2）曲面细分：细分几何形体以使模型变得致密。更高的密度意味着多边形之间的间距更短，从而提供更精细的细节。

- 细分模式：确定计算模型的细分方式。有两个可用选项，分别为"均一"和"边缘长度"。
- 细分计数：范围为 $1 \sim 32$。细分数量越高，性能损耗越大。

2.17　项目配置

"新项目"视窗可以修改项目相关的一些属性,例如重新加载新的模型,如图 2.157
所示。

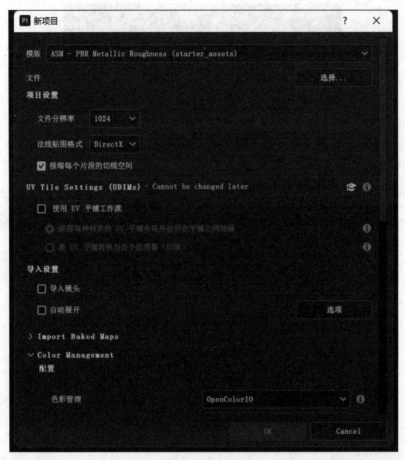

图　2.157

"选择"按钮可以随时更新当前项目的模型,即更新模型的网格拓扑、更新 UV、添加或
删除纹理集。

注意:如果在加载新的模型时,材质发生更改或已经重命名,则项目中以前的纹理集可
能会被禁用。这可以通过纹理集列表中的"重新分配纹理集"命令修复。

1. 项目设置

(1)文件分辨率:文件的尺寸。从 128～4096,通常选择 2048。如果用户的显卡比较
好,可以选择 4096。

(2)法线贴图格式:定义用于视窗中模型的法线贴图格式。它只影响视窗中的着色器
和烘焙的模型贴图。

常见应用的推荐值如下。

- Unity：OpenGL。
- UE：DirectX。
- Maya：OpenGL。
- 3ds Max：DirectX。
- Blender：OpenGL。

（3）极端每个片段的切线空间：决定如何在视窗中计算和显示法线贴图以进行着色和照明。如果启用，网格的切线和二维法线将按像素而不是按顶点计算。

常见的推荐值如下。

- Unity：禁用。
- UE：已启用。

更改法线格式或切线计算需要重新烘焙网格贴图，以确保视窗中的效果正确。

2. UV Tile Settings（UV 平铺设置）

当前项目是否使用 UV Tiles/UDIM 纹理工作流程。

3. 导入设置

控制如何导入选定的模型。

- 导入镜头：启用它，模型文件中的相机也将导入并在视窗中作为新的视点使用。
- 自动展开：自动 UV 展开。单击"选项"按钮以配置该过程。

4. Import Baked Maps

为所有材质导入模型法线贴图和烘焙的贴图。

5. Color Management（颜色管理）

控制有关转换颜色的设置。

2.18　设置

选择"编辑"→"设置"菜单命令将打开一个新的视窗，如图 2.158 所示。其中包含了主要的首选项。

图　2.158

首选项分为三个部分：通用、快捷键和库，如图 2.159 所示。

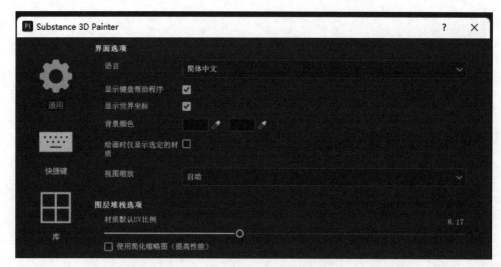

图　2.159

2.18.1　通用

1. 界面选项

1）语言

定义软件所使用的语言。官方默认跟随计算机系统的语言。如果用户的系统是中文语言，那么 Substance 3D Painter 也会默认是中文界面。它提供的语言有英语、德语、法语、日语、中文（简体）。用户可以根据自己的需求切换语言即可。切换完成后，软件会提示重启才能生效。

2）显示键盘帮助程序

启用它后，当按下一个键（如 Ctrl 或 Shift）时，在视窗左下方将显示键盘快捷键，如图 2.160 所示。

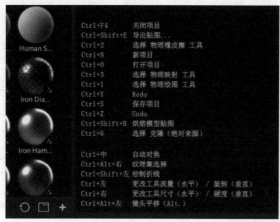

图　2.160

3）显示世界坐标

启用它，将在 3D 视图的右下方显示世界坐标轴，如图 2.161 所示。

4）背景颜色

选择视窗背景的颜色。一共有两种颜色，可以生成渐变效果。

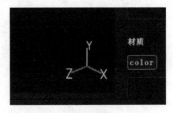

图　2.161

5）绘画时仅显示选择的材质

启用它，在绘画时当前选定的纹理集只显示在 3D 视图中（暂时隐藏其他纹理集）。建议关闭此设置，因为在视窗中快速更改可见度会影响稀疏虚拟纹理的性能。

6）视窗缩放

允许降低高清/视网膜屏幕的视窗分辨率以提高性能，有两个选项。

（1）自动：将显示 1/2 的屏幕分辨率（仅在高清屏幕上）。

（2）无：无缩放，视窗会以本机的屏幕分辨率呈现。

2. 图层堆栈选项

1）材质默认 UV 比例

填充图层的默认平铺/重复值和应用材质时图层中的填充效果。

2）使用简化的缩略图（提高性能）

启用它，图层将只显示图标而不计算缩略图。使用图标可以提高性能。此设置不适用于使用 UV 平铺工作流程的项目，因为它们将始终显示图标，如图 2.162 所示。

图　2.162

3. 镜头选项

镜头选项如图 2.163 所示。

图　2.163

1）旋转速度

视窗中摄像机默认的旋转速度的倍数。

2）缩放速度

视窗中摄像机默认的缩放速度的倍数。逆向：可以根据鼠标的移动来反转缩放的方向。

3）轮速（滚轮速度）

鼠标滚轮的缩放速度的倍数。逆向：根据滚轮的移动来逆转缩放的方向。

4．预览选项

预览选项如图 2.164 所示。

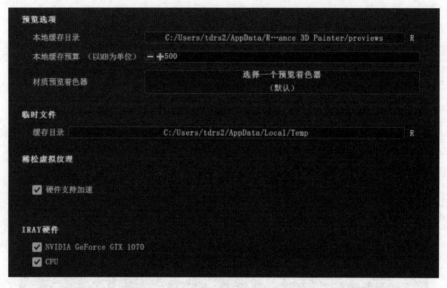

图　2.164

1）本地缓存目录

定义缩略图临时存放的位置。当路径为只读时，对于计算和存储缩略图很有用，从而避免在每次启动时重新计算缩略图，否则它们不会保存在硬盘上。

2）本地缓存预算（单位：MB）

定义缓存的最大占用空间。

3）材质预览着色器

定义一个着色器，用于生成材质缩略图。这个设置需要重新启动 Substance 3D Painter 才能生效。

5．临时文件

缓存目录：定义写入临时文件的位置，这包括稀疏虚拟纹理缓存，它可以被环境变量所覆盖。

6．稀松虚拟纹理

硬件支持加速：如果启用，应用程序将尝试在 GPU 上使用稀松纹理。此设置可以被环境变量覆盖。

7. IRAY 硬件

NVIDIA GeForce GTX 类型：列出了使用 Iray 进行渲染时使用的所有兼容硬件。

CPU：设置适用于所有计算机。如果计算机具有兼容 CUDA 版本的 Nvidia GPU，计算机也会在此列出。建议禁用 CPU 并只启用 GPU 硬件以确保最佳渲染性能。同时启用 CPU 和 GPU 会增加渲染时间。

2.18.2　快捷键

这里列出了所有的鼠标快捷键，如图 2.165 所示。

图　2.165

更改快捷键：单击快捷键旁边的"笔"状图标将进入快捷键编辑，此时可输入新的快捷键组合。

右击快捷键将弹出一个面板。选择重置为默认，可以将快捷键重置为其默认值，如图 2.166 所示。

图　2.166

2.18.3　库

库指定了其他资源文件夹的自定义路径，以及默认情况下保存资源的位置，如图 2.167 所示。

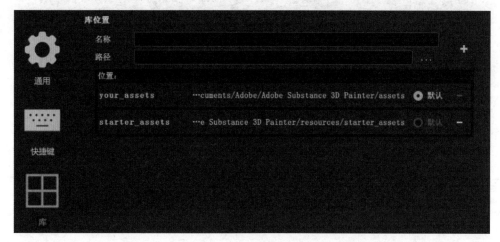

图　2.167

1. 名称

将用于引用界面中路径的命名(例如当右击资源时)。它还定义了资源的内部位置名称,以跟踪它们是否是最新的,因此建议在定义后不要更改名称。

2. 路径

资源在硬盘上的实际位置。添加新路径:

(1) 在名称栏里定义一个名称。

(2) 在路径里单击 ··· 按钮。打开外部地址,确定路径。

(3) 单击 + 按钮完成添加。

"位置"默认地预先定义了两个路径。

your_assets(你的资产):此路径指向当前用户配置文件的 Documents 文件夹中。这是默认情况下创建资源(预设)的位置。

starter_assets:此路径位于 Substance 3D Painter 的安装文件夹中。它包含了默认资源。

"默认"按钮用于定义将保存新内容(例如画笔预设、材质预设或智能材质)的路径。

如果当前打开了项目,则看不到这个选项,必须项目为空才能添加操作。

2.19 烘焙模型贴图

烘焙模型贴图如图 2.168 所示。

图 2.168

这里的参数非常多,用户不必都知道。本书将需要修改的参数说明一下。

先将"通用参数"的"输出大小"设置为 4096。

将"消除锯齿"设为超采样 16x,如图 2.169 所示。

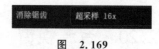

将 Ambient occlusion、Curvature 的"次生射线"设置为 80,如图 2.170 所示。

图　2.169

如果出现了一些由不同的纹理组重叠的一些点而导致的烘焙问题,可以将"自遮蔽"设置为"仅相同网格名称",如图 2.171 所示。

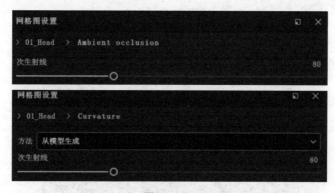

图　2.170

如果遇到了奇怪的烘焙问题,可以尝试将"忽略背面"切换为"总是",如图 2.172 所示。

图　2.171

图　2.172

单击"烘焙所选纹理"按钮,就开始烘焙了。因为烘焙使用 GPU,所以烘焙速度增加很快,如图 2.173 所示。

烘焙完毕。单击每一个纹理集,可以看到新创建的烘焙贴图,如图 2.174 所示。

图　2.173

图　2.174

资源视窗

2.20 资源视窗

资源视窗可以让用户访问软件附带的默认资源(称为 starter_assets)以及任何导入的资源(可以在 your_assets 下找到)。

在硬盘上,starter 资源库存储在软件的安装文件夹中。而默认情况下,导入到你的资源库的资源位于 Documents 文件夹中。用户也可以添加一个不同的库位置。

资源视窗如图 2.175 所示。

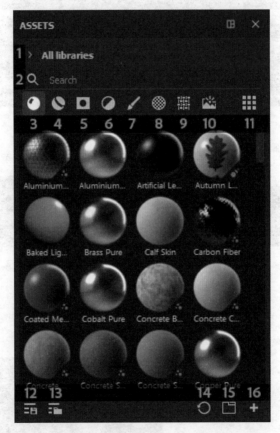

图 2.175

1—面包屑;2—搜索栏;3—材料;4—智能材质;5—智能遮罩;6—滤镜;7—笔刷;8—Alpha;
9—纹理;10—环境贴图;11—资源缩略图的大小;12—已保存的搜索;13—按路径进行过滤;
14—重置所有的查询;15—打开一个新的子库选项卡;16—导入资源

2.20.1 面包屑

面包屑使用户能够快速浏览资源库。单击资源视窗中的 ▶ 按钮可以显示资源在硬盘上的存储方式,让用户选择任何一个显示的位置。如果资源库是灰色的,即该文件夹内没有所选类型的资源,但用户仍然可以导航到该位置,如图 2.176 所示。

图　2.176

2.20.2　搜索栏

搜索栏可用于查询资源,比如输入 wood,将筛选出与之对应的资源,如图 2.177 所示。

图　2.177

注意:它不仅搜索资源的标题,还搜索它们的位置,以及资源中包含的任何选项卡。

2.20.3　资源类型

默认的第一个选项是材质,单击其他资源类型图标会显示相应的资源。
注意:通过在单击时按住 Ctrl 键进行多选,如图 2.178 所示。

图　2.178

1. 材质

材质包含作为基础材质导入的 .sbsar 文件和从填充层创建的材质。它们是可用于填充层的基本材质,将应用于模型的整个表面。

2．智能材质

智能材质包含由保存在文件夹中的多个图层组成的更复杂的材质。与基础材质一样，智能材质将应用于模型的整个表面，但它们也会考虑模型的各种信息，例如曲率、环境色吸收等。要获得这些表面细节并正确使用智能材质，首先需要烘焙模型。

3．智能遮罩

智能遮罩包含使用多个图层效果（生成器）生成更复杂的遮罩。用户可以自己创建智能遮罩预设。与智能材质类似，智能遮罩需要来自模型的烘焙信息才能正常工作。

4．滤镜

滤镜包含作为滤镜导入的.sbsar 文件。滤镜是将纹理以某种方式进行转换的效果。有些滤镜只对黑白信息起作用，有些只对材质输入起作用，因此并不是所有的滤镜都能在遮罩中使用。

5．笔刷

笔刷包含"笔刷""粒子笔刷"和"工具"，这些都是可以在 Substance 3D Painter 创建的预设。

（1）"笔刷"是使用 Alpha 的基本黑白预设。用户可以使用画笔在所有通道或遮罩中绘画。

（2）"粒子笔刷"具有与笔刷相同的特性，但它们也有一套额外的参数，模拟与模型的物理互动。它们可以产生溢出、滴水、下雨或任何需要物理模拟的效果。

（3）"工具"可以包含笔刷（和粒子笔刷）行为，这个预设也会保存材料通道信息。

6．Alpha

Alpha 包含各种 Alpha，以及几个可以创建具有更精细效果的笔刷（类似 Photoshop、动态笔触、油漆滚筒）制作工具。Alpha 是灰度图，其黑色部分在使用时将显得透明。

7．纹理

纹理包含垃圾贴图、程序纹理贴图、烘焙贴图、硬表面法线贴图和 LUT 贴图。

（1）垃圾贴图是具有趣味的噪波和纹理的灰度图。它们可以通过遮罩或直接插入通道来为模型表面添加纹理变化。

（2）程序纹理贴图也是灰度图，由噪波甚至是规则图案组成。然而，与静态的垃圾贴图不同，程序纹理是动态的位图，可以不重复地缩放，并且通过随机种子可以产生无限的变化。

（3）烘焙贴图是从模型中提取的表面和形状信息。

（4）硬表面法线贴图是可以使用法线通道直接映在模型上的细节。

（5）LUT 贴图是颜色配置文件纹理，可以在显示设置中使用，以模拟视窗中的颜色配置文件行为。

8．环境贴图

环境贴图包含作为环境导入的图像（最常见的是.hdr 文件或.exr 文件）。环境贴图是自动生成照明设置的背景图像,用户可以将环境贴图直接拖到视窗中,或者通过显示设置来使用环境贴图。

2.20.4 自定义布局

有一些界面选项,如子库、缩小宽度和缩略图大小,可以让用户改变资源面板的布局,以满足用户的需要。

注意:在资源视窗,可以使用鼠标滚轮或操纵滚动条来滚动,或者是按住 Ctrl+Alt 组合键并在所需的面板中拖动。

2.20.5 停靠和方向

在安装后第一次打开 Substance 3D Painter 时,会发现资源视窗垂直停靠在软件的左侧。但是资源视窗可以取消默认的停靠,并且改为水平停靠,如图 2.179 所示。

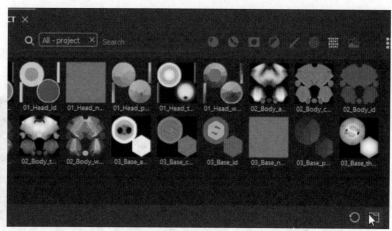

图 2.179

如果使用额外的子库视窗,它们也可以随意停靠和解锁,如图 2.180 所示。

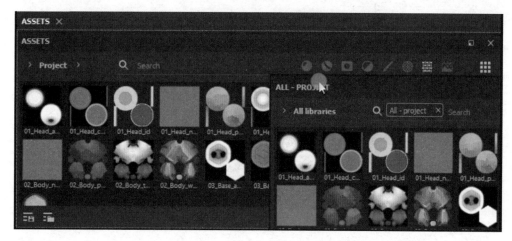

图 2.180

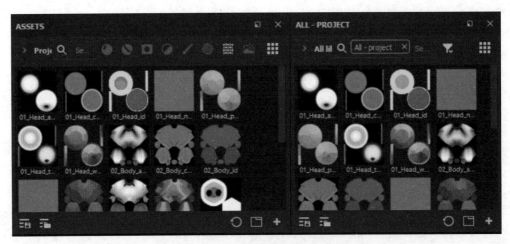

图　2.180(续)

2.20.6　缩小宽度

资源视窗的尺寸可以变化。如果移动资源视窗,让它变到最小,此时资源类型会折叠成一个菜单,用户可以从中进行选择,如图 2.181 所示。

图　2.181

2.20.7　缩略图大小

资源视窗的图标提供小、中等(默认)、大和列表选项,如图 2.182 所示。

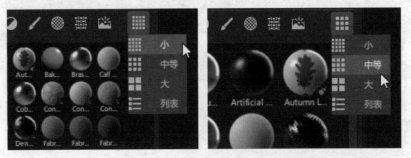

图　2.182

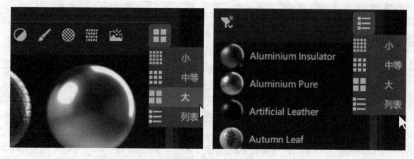

图　2.182（续）

2.20.8　保存的搜索

保存的搜索与"按路径过滤"一样,是另一个可以在资源窗口中打开的新部分。它可以保存频繁的搜索和查询,让用户随时都可以轻松访问,甚至可以作为可单独停靠的新的子库选项卡打开,如图 2.183 所示。

图　2.183

通过"按路径过滤"或"面包屑"导航选择所需的资源类型(或多种资源类型)和位置。

要创建一个保存的搜索,可以结合不同类型的导航——用户可以在搜索栏中输入一个书面查询,通过"按路径过滤"或"面包屑"导航选择所需的资源类型(或多种资源类型)和位置。所有这些都可以保存为单一的保存搜索,也可以将它们分解为单独的保存搜索。例如,用户可能想为使用动态描边的笔刷创建一个保存搜索(因为这是用户经常使用的工具),如图 2.184 所示。

保存的搜索被保存在一个可以手动编辑的配置文件中。一旦用户创建了保存的搜索,它将出现在用户的搜索列表中。现在可以右击它来创建一个新的子库标签,并重命名或删除它。

用户还可以通过将鼠标悬停在搜索栏中的搜索标签上,显示保存的搜索如图 2.185 所示。

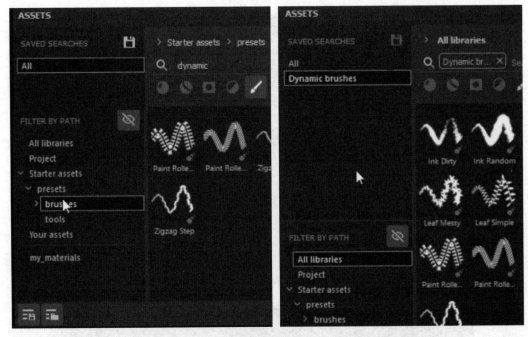

图　2.184

图　2.185

2.20.9　按路径过滤

按路径过滤可以用来浏览用户的资源。它与面包屑的结构相同,这意味着它可以让用户看到资源的路径/位置,如图 2.186 所示。

图　2.186

默认情况下,激活 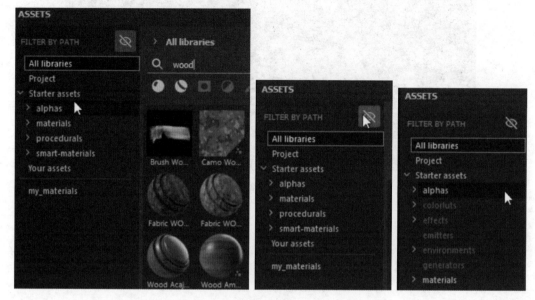"隐藏不适用的文件夹",可以让用户从界面上隐藏空文件夹。例如,如果用户将"按路径过滤"与特定的搜索字词或选择资源类型结合起来(这会很方便),用户将只看到包含搜索的相关位置,如图 2.187 所示。

图　2.187

2.20.10　重置所有查询

取消查询结果,打开默认的子库选项卡。

2.20.11　子库选项卡

子库是 Substance 3D Painter 的一个新选项卡或视窗,专门用于特定的搜索。默认情况下,没有打开子库选项卡,只有主资源的视窗。

用户可以用两种方法从主资源视窗创建子库选项卡。通过右击一个已保存的搜索,并选择创建新的选项卡,如图 2.188 所示。

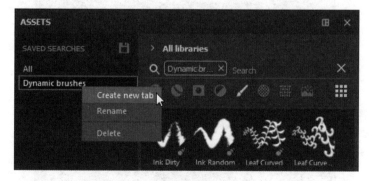

图　2.188

通过选择或输入一个搜索查询(通过资源类型、面包屑、文本查询或按路径过滤),然后单击资源视窗底部的专用按钮,如图 2.189 所示。

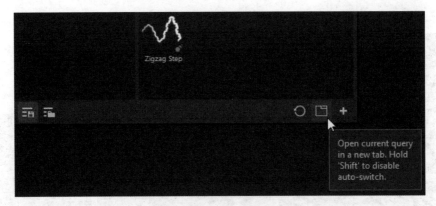

图 2.189

创建一个子库将自动创建一个新的选项卡,并将其停靠在界面中与主资源视窗相同的空间内。在这里,子库视窗可以停靠在其他任何地方,也可以自由悬浮在界面的任何地方或其他屏幕上。

- 子库具有与主资源视窗相同的功能,但当重置时它将恢复到原始的搜索查询。
- 与主资源视窗不同,如果用户关闭一个子库,将需要重新创建它。
- 如果保存的搜索被删除,子库视窗将继续存在,直到关闭。

2.20.12 打开导入窗口

在 Substance 3D Painter 中打开导入窗口有以下三种不同的方式。

(1) 通过单击"资源"视窗中的按钮,如图 2.190 所示。

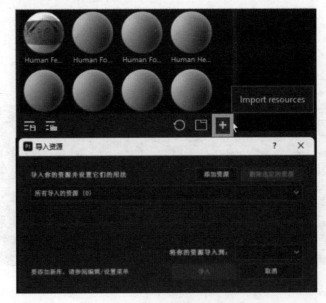

图 2.190

（2）通过选择"文件"→"Import resources 导入资源"菜单命令，如图 2.191 所示。

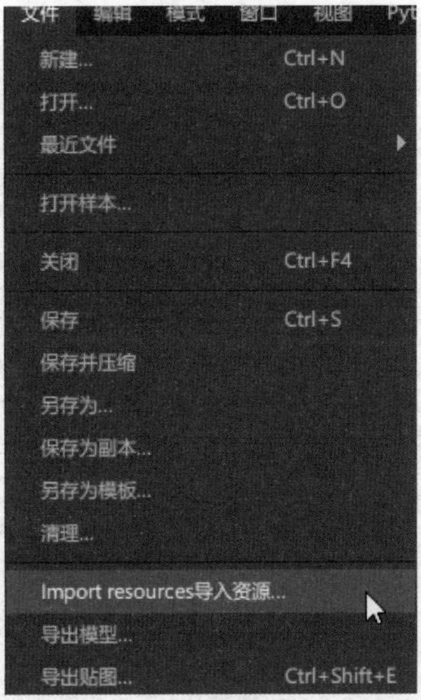

图　2.191

（3）通过将一个或多个文件/文件夹拖放到"资源"视窗中，如图 2.192 所示。

图　2.192

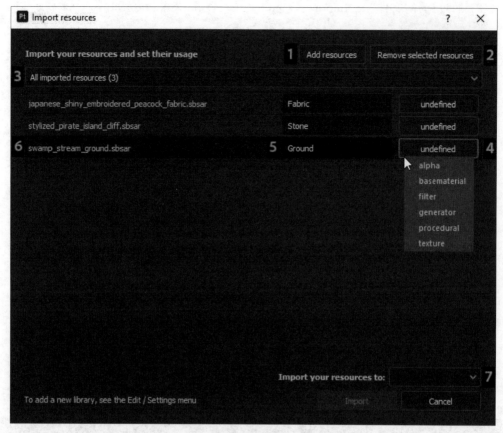

图　2.192（续）

① 添加资源：选择要导入的其他文件，会将它们添加到"导入资源"视窗中显示的列表中。

② 删除选定的资源：删除列表中选定的文件。

③ 下拉过滤器：允许按使用情况过滤文件列表。这对于隔离具有"未定义"类型的资源很有用。

④ 未定义：可以选择几种不同的类型。所建议的用法列表可能会根据用户正在导入的文件格式而改变。如果用户的文件格式只有一种使用类型（例如.sppr 文件将自动定义为这种类型），则可以成为用户的文件预选。

⑤ 前缀：前缀可以是一个文件夹路径，即存储资源的位置。

⑥ 文件名：当前资源的名称。有时可以指示存储资源的文件夹，这个信息在导入过程中不会被使用。

⑦ 导入位置。

• 当前会话：进入一个临时会话，在重新启动 Substance 3D Painter 后，资源会丢失。

• 项目"项目名称"：导入当前打开的项目文件中。资源嵌入在.spp 文件中。

• 库 your_assets：进入当前定义为可写的库中。

用户可以在导入视窗中多选资源（使用常用的快捷键）以快速编辑它们的用途。

2.21 输出

按快捷键 Ctrl＋Shift＋E 打开"导出纹理"对话框,将纹理输出,如图 2.193 所示。

图   2.193

1. 输出目录

导出贴图的位置。按 R 键是到最初的路径。

2. 输出模板

选择预设好的模板(与软件相对应),新手最好是使用预设好的模板,如图 2.194 所示。

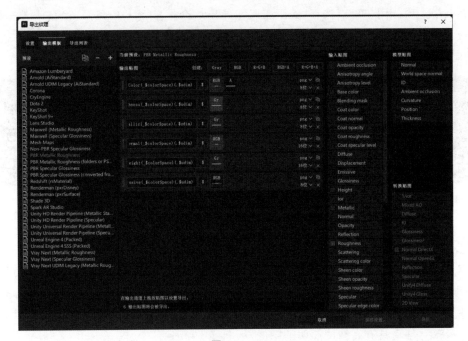

图   2.194

注意：输出模板上没有透明贴图的输出。必须在设置中选择 Document channels ＋ Normal＋AO(With Alpha)，才可以导出透明贴图，如图 2.195 所示。

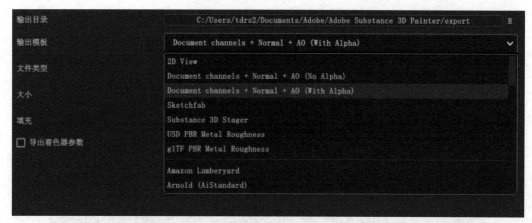

图　2.195

3. 文件类型

通常默认即可。8 位锯齿感比较严重，16 位为最佳，通常不需要用户修改。

4. 大小

根据需要从 128～8192 选择。

5. 填充

有五个选项。用户可以选择"无限膨胀"，导出后会把整个 UV 象限填满，或者选择"膨胀＋透明度"就是适当出血一点，其他地方是透明度。如果选择"无填充"，会出现接缝问题，如图 2.196 所示。

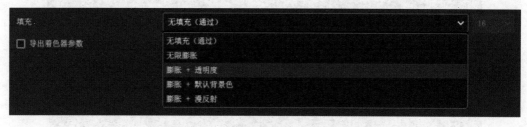

图　2.196

2.22　Iray 渲染器

Substance 3D Painter 不仅提供了高质量的硬件渲染，还内置了 Iray 的光线跟踪器。Iray 是由 Nvidia 开发的 GPU 加速路径追踪渲染器。使用 Iray，用户可以在场景中以高精度(大分辨率)创建具有高精度照明的图像，如图 2.197 所示。

图 2.197

  Iray 内置的可供调整的参数不多,基本照明需要 HDRI(high dynamic range image)高动态全景图。对于快速高效的高清图像预览就足够了。

  1) Iray 模式

  可以通过多种方式启动 Iray。

- 按下 F10 键(按 F9 键回到绘画模式)。
- 通过单击主工具栏中的相机图标,如图 2.198 所示。
- 通过使用模式菜单,如图 2.199 所示。

图 2.198

图 2.199

  2) Iray 参数

  Iray 使用一组特定的参数,但也使用 Substance 3D Painter 常规视窗的共享属性。

  渲染器设置如下。渲染器(Iray)设置控制着 Iray 视窗的渲染、运行时间和质量,如图 2.200 所示。

  (1) 视窗顶部显示了 Iray 的当前状态,说明 Iray 当前的工作方式:

- 渲染(Iray 正在计算图像)。
- 已暂停(Iray 计算已停止但尚未完成)。
- 完成(Iray 计算完成或达到设置值)。

  (2) 分辨率: Iray 图像的分辨率(默认取决于视窗大小)。

  (3) 场景大小: 场景/模型的边界框大小。没有单位,假定为厘米。

图　2.200

（4）迭代：Iray 所做的计算次数，超过了设置中定义的最大值。

注意：迭代的次数将决定渲染的最终质量，迭代次数越多，质量越好。然而，迭代需要一些时间，这就是为什么要定义一个最长的时间。迭代是由样本的数量决定的。

（5）渲染时间：在设置中定义的最大时间内进行渲染所花费的时间。

设置修改后，Iray 将开始计算渲染。单击"暂停 Iray 渲染"按钮可以暂停 Iray 渲染。

（6）最小采样数：像素执行的最小样本量。

（7）最大采样数：像素执行的最大样本量。

（8）最大时间：Iray 进行计算所允许的最长时间。右侧的下拉菜单允许设置单位（秒、分钟或小时）。

（9）启用 Caustic 采样器：这个选项可以计算焦散。

（10）启用 Firefly（萤火虫）滤镜：这个选项可以消除产生的孤立而明亮的像素。

（11）覆盖视图分辨率：这个设置允许为渲染定义一个自定义尺寸，而不是使用当前的视窗尺寸。下面的"宽度"和"高度"设置可以用像素作为单位来定义它。

（12）保存渲染：将当前渲染导出为图像文件。

（13）分享：允许将当前渲染导出到 ArtStation。

第3章

绘制运动鞋

本章将展示如何使用 Substance 3D Painter 为一双运动鞋绘制纹理。以下是绘制步骤。注意,在这一章中,我们主要了解 Substance 3D Painter 最基础的内容,也就是引入内容。

步 骤 说 明	相 关 截 图	操作视频
1. 导入 3D 模型。 2. 创建项目,切换到 　　3D 视图。 3. 查看纹理集列表 　　面板。 4. 导航 3D 视图。		 项目 1-1
5. 在显示面板中修改 　　环境参数。 6. 根据模型烘焙纹理。		 项目 1-2

步 骤 说 明	相 关 截 图	操作视频
7. 在资源视窗中选择材质然后应用。		项目 1-3
8. 使用 Photoshop 对 ID 贴图进行修正,根据模型的 ID 应用材质。 9. 在资源视窗中选择智能材质并应用。		项目 1-4
10. 导入图案,并在模型上绘制图案。 11. 为模型添加白色遮罩。 12. 建立图层组,修正材质,映射刚才绘制的图案,将另一侧也同样绘制。		项目 1-5

续表

步 骤 说 明	相 关 截 图	操作视频
13. 找到缝纫线笔刷，开启延时笔刷，进行绘制。		 项目 1-6
14. 使用路径工具绘制缝纫线。		 项目 1-7

　　在本章中，我们学习了 Substance 3D Painter 的基本流程，了解它的基本模块。学习了烘焙流程（最基础），开始绘画材质。

　　学习了 Substance 3D Painter 软件的特点——利用模型的材质 ID 分配材质，初步学习了智能材质的使用。

　　初步学习了在模型上绘制图案，并且为模型添加遮罩。

　　理解图层，并且学会建立图层组；学会使用缝纫线笔刷；了解延迟笔刷并使用它绘制缝纫线。

　　Substance 3D Painter 的基本流程介绍完成。

4

第 章

绘制摩托车

本章将展示使用 Substance 3D Painter 为摩托车绘制纹理的方法。以下是绘制步骤。

步 骤 说 明	部 分 截 图	操作视频
1. 导入模型。 2. 使用随机采样抗锯齿和各向异性过滤。 3. 详细介绍烘焙的各项参数并烘焙纹理贴图。		 项目 2-1
4. 详细介绍 UV 在绘制中的重要性。 5. 使用径向对称绘制车辙。 6. 输出贴图和重新应用贴图。	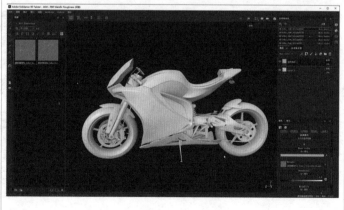	 项目 2-2

步 骤 说 明	部 分 截 图	操作视频
7. 详细介绍 C 键、B 键和 M 键。 8. 详细介绍跨纹理链接功能的使用。	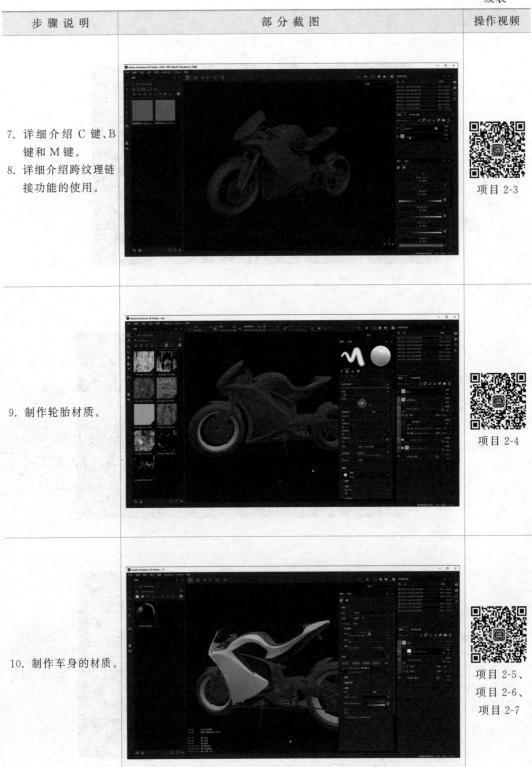	项目 2-3
9. 制作轮胎材质。		项目 2-4
10. 制作车身的材质。		项目 2-5、 项目 2-6、 项目 2-7

步 骤 说 明	部 分 截 图	操作视频
11. 制作车架和尾灯的材质。		项目 2-8
12. 制作悬挂系统和刹车盘的材质。		项目 2-9
13. 制作部分模型的脏迹效果。		项目 2-10

步 骤 说 明	部 分 截 图	操作视频
14. 为模型绘制贴花。		 项目 2-11
15. 为模型绘制图案、文字等。		 项目 2-12
16. 为车身绘制贴花纹理。		 项目 2-13

步 骤 说 明	部 分 截 图	操作视频
17. 渲染摩托车。激活后期特效，调整炫光、晕影。		项目 2-14
附录　输出贴图设置，输出模型，在 Maverick Render 中读取并渲染。开启降噪，进行最终渲染。		输出贴图到 Maverick Render 中渲染

　　在本章中，我们学习了 Substance 3D Painter 更深层次的使用，从显示设置到着色器设置，再到烘焙设置的基本使用技巧，重点学习了 UV 在绘制中的重要性。

　　学习了径向对称的使用流程，重点介绍如何输出贴图和重新应用贴图，让整个贴图流程变得非线性。

　　学会用 C 键、B 键在贴图中循环从而控制显示设置，轻松观察单一通道；然后利用几何遮罩进行模型选择；使用不同颜色对图层进行区分；处理透明和自发光材质。

　　为模型添加智能遮罩，然后添加生成器。为模型添加绘画特效并绘制贴花。

　　使用映射工具在 UV 视图映射图案；充分掌握映射工具的使用；应用叠加法线图层增加强度，然后添加 MatFx HBAO 特效，增强 AO 的强度。

　　以上都是 Substance 3D Painter 比较深入的功能。

　　绘制贴花纹理，激活后期特效，最后在 Maverick Render 中读取并渲染。学完本章后，你可以掌握这个软件的基本使用流程。

第5章

绘制人物

本章将展示如何使用 Substance 3D Painter 为人物角色绘制纹理。以下是绘制步骤。

步 骤 说 明	部 分 截 图	操作视频
1. 载入模型，调整背景贴图，激活随机采样抗锯齿，激活后期特效。	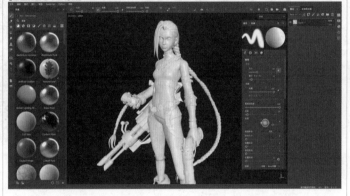	 项目 3-1
2. 载入多张法线贴图，并将其置入法线贴图槽中。	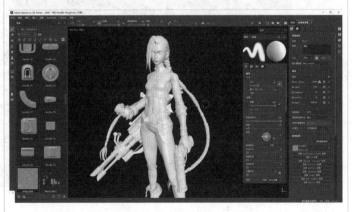	 项目 3-2

步 骤 说 明	部 分 截 图	操作视频
3. 综合介绍烘焙功能。		项目 3-3
4. 在 Substance 3D Painter 中应用各种显示设置的差异。		项目 3-4
5. 更新当前项目的 3D 模型。		项目 3-5

步 骤 说 明	部 分 截 图	操作视频
6. 为各个模型应用基本色材质。		 项目 3-6
7. 整理图层,关闭图层显示,纹理集列表的提示。		 项目 3-7
8. 烘焙的技巧提示。		 项目 3-8

步 骤 说 明	部 分 截 图	操作视频
9. 烘 焙 提 示：在 Marmoset Toolbag 4 中烘焙 AO 通道。		 项目 3-9
10. 将模型 UV 修改，然后进行贴图替换。		 项目 3-10
11. 制作头发的材质，增加渐变滤镜。		 项目 3-11

步 骤 说 明	部 分 截 图	操作视频
12. 为衣服和身体制作材质。		项目 3-12
13. 调节皮肤材质,并应用鞋子配饰的材质。		项目 3-13
14. 继续制作模型的各种金属材质。		项目 3-14

步 骤 说 明	部 分 截 图	操作视频
15. 为武器制作材质。		项目 3-15
16. 使用 Krita 的智能填色功能制作图案。		项目 3-16
17. 为皮肤绘制图案。		项目 3-17

步　骤　说　明	部　分　截　图	操作视频
18. 绘制裤子的图案。		项目 3-18
19. 绘制胳膊的图案，调节上衣的粗糙度。		项目 3-19
20. 绘制武器的图案。		项目 3-20

步 骤 说 明	部 分 截 图	操 作 视 频
21. 绘制面部纹理,初步绘制嘴唇的颜色。		项目 3-21
22. 绘制眼睛、眼线。		项目 3-22
23. 绘制雀斑。		项目 3-23

续表

步骤说明	部分截图	操作视频
24. 将模型传递到 Marmoset Toolbag 4 中预览渲染。	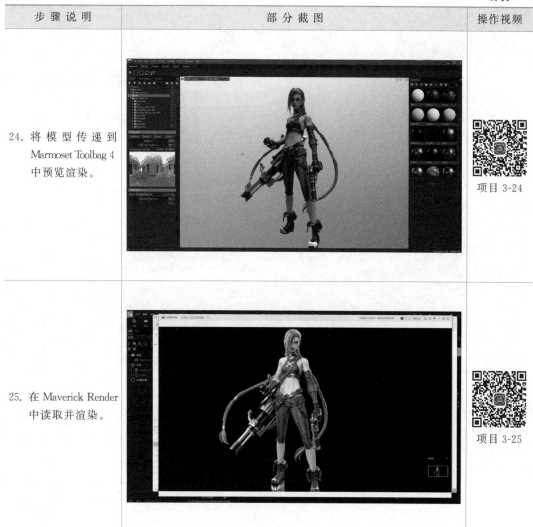	项目 3-24
25. 在 Maverick Render 中读取并渲染。		项目 3-25

　　在本章中,我们学习了 Substance 3D Painter 更深层使用的另一个方向。

　　(1)深入掌握显示设置的使用,例如,随机采样抗锯齿、后期特效、调节阴影,这都是为了更好地利用显示效果。

　　(2)掌握修改法线贴图格式,深入掌握烘焙功能(包含 8.3 版本的功能)。添加散射通道,调节 3s 材质;再为头发、衣服和身体制作材质。

　　(3)为武器制作各种金属材质。在这里,可以使用预设的智能遮罩和智能材质。

　　(4)使用 Krita 的智能填色功能制作图案,从而极大地简化了绘制图案的复杂操作。

　　(5)配合延时笔刷,绘制裤子和胳膊上的图案,修饰武器上的图案。

　　(6)重点掌握绘制面部纹理的基本流程,将绘制眼睛、眼线和绘制雀斑细节完成。

　　(7)将模型传递到 Marmoset Toolbag 4 中进行预览渲染,然后在 Maverick Render 中读取模型贴图,进行最终渲染。在这里,要重点掌握 Substance 3D Painter 和这两个软件的交互流程,一个是预览渲染也就是实时的流程,另一个是最终渲染出图的流程。

参 考 文 献

[1] 郑琳. PS＋ZBrush:动画形象数字雕刻创作精解[M].北京:清华大学出版社,2019.

[2] 田涛. 3D打印模型制作与技巧:用 ZBrush 建模[M].北京:清华大学出版社,2020.

[3] 张盛. 数字雕塑技法与 3D 打印[M].北京:清华大学出版社,2020.